Z会
グレードアップ
問題集 改訂版

小学**4**年

算数
文章題

●はじめに

Ｚ会は「考える力」を大切にします ―――――――――――――――――

　『Ｚ会グレードアップ問題集』は，教科書レベルの問題集では物足りないと感じている方・難しい問題にチャレンジしたい方を対象とした問題集です。当該学年での学習事項をふまえて，発展的・応用的な問題を中心に，一冊の問題集をやりとげる達成感が得られるよう内容を厳選しています。少ない問題で最大の効果を発揮できるように，通信教育における長年の経験をもとに"良問"をセレクトしました。単純な反復練習ではなく，１つ１つの問題にじっくりと取り組んでいただくことで，本当の意味での「考える力」を育みます。

読解力・思考力・応用力を伸ばすには文章題学習が最適 ―――――――――

　この時期のお子さまは，文章題を解く際にきちんと考えずに，すぐに立式してしまうことがあります。たしかに，単純な問題の場合は出てきた数字を式にあてはめるだけで正解できてしまうこともあるでしょう。しかし，そのようなことを続けていくと高学年で急に算数が苦手になってしまう可能性があります。

　そこで，本書では

- ■ ぱっと見ただけでは，すぐに何算なのか判断できないもの
- ■ 条件を過多に与え，情報の取捨選択ができるかどうかを試すもの
- ■ 図などを適宜用いて，状況を整理しながら考えていくもの

を出題しています。これらの問題は，教科書ではなかなか取り上げられることのない問題です。こういった"ちょっと背伸びをした学習"を通して，今後の算数学習に必要な「読解力・思考力・応用力」などの力を伸ばしていきます。

この本の使い方

1 この本は全部で45回あるよ。

第1回から順番に，1回分ずつやろう。

2 1回分が終わったら，おうちの人に丸をつけてもらおう。

3 丸をつけてもらったら，まちがえた問題がなかったかたしかめよう。

4 知っていたら かっこいい！ でしょうかいしていることは，友達も知らない知識だよ。学校で友達にじまんしよう。

保護者の方へ

　お子さまの学習効果を高め，より高いレベルの取り組みをしていただくために，保護者の方にお子さまと取り組んでいただく部分があります。「解答・解説」を参考にしながら，お子さまに声をかけてあげてください。

　お子さまが問題に取り組んだあとは，丸をつけてあげましょう。また，各設問の配点にしたがって，点数をつけてあげてください。

　👆マークがついた問題は，中学入試で出題されるような発展的な内容を含んでいますので，解くことができたら自信をもってよい問題です。

いっしょにむずかしい問題に，ちょうせんしよう！

イーマル　　　　ミルマリ　　　　イワンコ

目次

学習日		得点
	月　　日	／100点

1 　今日は 4 月 1 日。ビッツさんは 4 年生になりました。算数がもっと得意になりたいビッツさんは，時計の算数を楽しんでいます。

①　ビッツさんは午前 7 時に起きました。ビッツさんは，午前 7 時に右の時計の長いはりと短いはりが作る 2 つの角のうち，小さいほうの角の大きさを計算で求めています。小さいほうの角の大きさは何度ですか。

（式 10 点・答え 10 点）

式

答え　（　　　　　　　　　　　）

②　ビッツさんが昼食を食べているときに，デジタル時計で時刻をかくにんしたら，12 時 34 分 56 秒でした。ビッツさんは，1 から 6 までの数字を 1 回ずつ使っていることがおもしろかったので，12 時から 14 時までの間で，1 から 6 までの数字を 1 回ずつ使う時刻が何通りあるかを調べました。12 時 34 分 56 秒をふくめて，何通りあるかを答えましょう。（30 点）

（　　　　　　　　　　　）

2 算数が大好きなビッツさんは，春休みにむずかしい問題がいっぱいのっている算数パズルの本を買いました。

① この本には 224 問の算数パズルがあります。これまでにちょうせんした問題の数は，残りの問題の数の 7 倍です。残りの問題の数は何問ですか。

(式 10 点・答え 10 点)

式

答え （　　　　　　　　　　　）

② 下の図は，この本のレベルアップ問題です。答えを求めましょう。(30 点)

> 5 けたの整数について，「それぞれの位の数字を左から大きい順にならべてできる数から，小さい順にならべてできる数をひく」という計算を行います。12345 について，この計算を 2 回行うと，
>
> 　　54321－12345＝41976
> 　　97641－14679＝82962
>
> となり，答えは 82962 です。それでは，12345 について，この計算を 100 回行うと，答えはいくつですか。

100 回も計算するのはたいへん。ぼくはきまりを見つけて，答えを求めることができたよ。

（　　　　　　　　　　　）

学習日　　　　月　　日

得点　　　　／100点

1　ビッツさんが通うわくわく小学校では，4 月の始業式の次の日に身体測定（しんたいそくてい）があります。元気にすくすく育っているビッツさんとごうさんは，身長がどれだけのびたのかわくわくしています。下のぼうグラフは，2 人の身長が 1 年ごとに何 cm のびたのかを表しています。

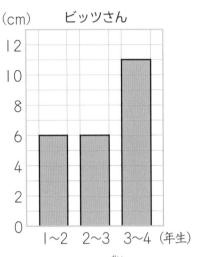

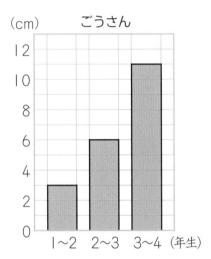

【例】（れい）　ぼうグラフの目もりの「1〜2」は，
「1年生から2年生まで」を表しています。

① ビッツさんの 4 年生 4 月の身長は 1m31cm でした。ビッツさんの 1 年生 4 月のときの身長は何 m 何 cm でしたか。（式 15 点・答え 15 点）

式

答え　（　　　　　　　　　　　　　）

2 ごうさんの１年生から４年生までの，４月の身長の和は4m60cmでした。ごうさんの１年生４月のときの身長は何m何cmでしたか。

（式15点・答え15点）

式

答え （　　　　　　　　　　　　）

3 下の折れ線グラフは，ビッツさんかごうさんの身長を表しています。身長の目もりが消えてしまっていますが，どちらの身長かを調べることができます。折れ線グラフを見て，その人の名前を答えましょう。また，その人を選んだ理由を説明しましょう。（１つ20点）

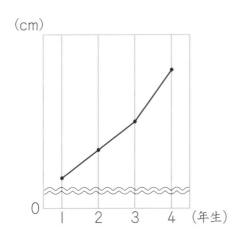

身長がどのようにのびているのかを読み取ってみよう。

名前 （　　　　　　　　　）

理由 （　　　　　　　　　　　　　　　　　　　）

学習日		得点
	月 日	／100点

1 夕方のニュースで，くにこさんが住むグレアプ町の 1980 年から 2020 年までの 10 年ごとの人口を説明していました。

① 下の表には，グレアプ町の人口が書かれています。人口の変わり方がわかりやすくなるように，折れ線グラフにまとめてみましょう。このとき，人口は四捨五入して，百の位までのがい数とします。(20 点)

年	人口（人）
1980 年	10262
1990 年	10637
2000 年	10549
2010 年	9950
2020 年	9806

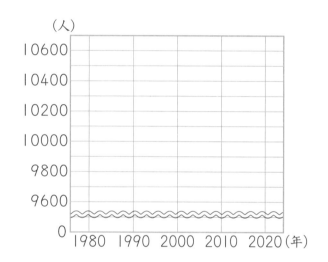

② **①**の折れ線グラフは，波線のしるしを使っています。どんなよいことがあるからですか。説明しましょう。(20 点)

波線のしるしがあるときとないときのちがいは何かな？

[   ]

10

2 夕方のニュースの最後に，プレゼントクイズがありました。くにこさんと弟のひろきさんは，一万円札のクイズに一生けん命ちょうせんしています。

1 一万円札1000まいのあつさを10cm，富士山の高さを3776mとします。富士山の高さと同じになるまで，一万円札を積み上げるとしたら，全部で何円のお金が必要ですか。答えの数字は，漢字で書きましょう。(30点)

（　　　　　　　　　　　　　　円）

2 一万円札の横の長さを16cm，地球一周の長さを4万kmとします。地球一周の長さと同じになるまで，一万円札を横にならべるとしたら，全部で何円のお金が必要ですか。答えの数字は，漢字で書きましょう。(30点)

（　　　　　　　　　　　　　　円）

学習日	得点
月　　日	／100点

1 たえさんは，新聞を読むのが大好きです。スポーツの話，住んでいる町の話，科学の話などがのっていて，新しい発見ができるからです。わくわく小学校の図書室にあった 4 月 20 日の新聞では，紙の大きさを特集していました。

① 紙の大きさを，右の表のように「A」という文字を使って表すことがあります。あるきまりにしたがって，A0 の紙の大きさから，A1，A2，A3，A4 の紙の大きさを順に決めているそうです。きまりを見つけて，説明しましょう。右の表の○×△の式は，たて○ mm，横△ mm の長方形の紙の大きさを表しています。(30 点)

紙の大きさ	
A0	840 × 1188
A1	594 × 840
A2	420 × 594
A3	297 × 420
A4	210 × 297

「A0」と「A1」，
「A1」と「A2」，
のように，紙の大きさを
くらべてみよう。

② A0 の紙の面積を 1 とするとき，A1 の紙の面積は $\frac{1}{2}$ になります。このとき，A4 の紙の面積はいくつになりますか。答えは分数で答えましょう。(30 点)

(　　　　　　　　　)

3 新聞紙を広げたときの紙の大きさは，およそ A1 の紙の大きさと同じだそうです。右の図のように新聞紙を半分にとじたときの面積はおよそ何 cm^2 ですか。答えは四捨五入（ししゃごにゅう）して，上から 2 けたのがい数で答えましょう。

（式 20 点・答え 20 点）

式

答え（　　　　　　　　　　　　　　）

知って
いたら　かっこいい！　—• **A0 の紙の面積は 1m^2** •—

　A0 の紙の面積を計算すると 9979.2cm^2。およそ 1m^2 だね。**1** の問題で見つけたきまりを使うと，1m^2 の A0 の紙から，下の図のように A1 の紙，A2 の紙，A3 の紙，A4 の紙ができていくことがわかるかな？

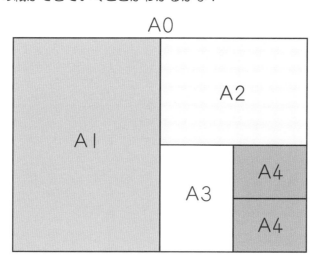

　そして，**1** の問題の表で，
　（長いほうの辺（へん）の長さ）÷（短いほうの辺の長さ）
を電卓（でんたく）で計算してみよう。どれもおよそ 1.41 になるよね。この数を √2 と書いて，「ルート 2」と読むんだ。この数は，中学生になったらくわしく学習するよ。いつも使っている紙の大きさには，おもしろいきまりがあるんだね。

1　　4年3組のまさや先生は，ともこさんと「一筆書き」について話しています。次の会話を読んで，下の□や表にあてはまる数や記号を書き入れましょう。

（① 25点，②〜⑯ 1つ 5点）

先生　：一筆書きって，知っているかな？

ともこ：えんぴつを紙からはなさずに，同じ線を1回しか通らないようにして形をかくことですよね。

先生　：そのとおり。それでは，次の**ア〜オ**の形は一筆書きができるかな？紙にかいて調べてみよう。

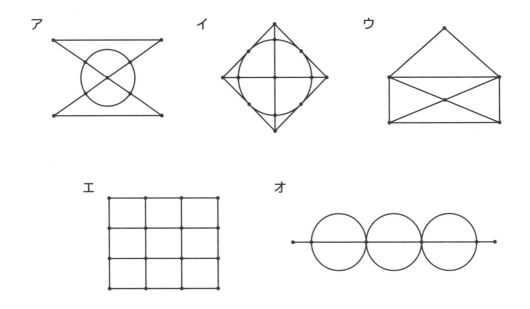

ともこ：えっと……。一筆書きができる形は，① ［　　　　　　　　　　　　］です！調べるのがとてもたいへんでした。

先生　：正解！　よくできたね。先生はどんな形が一筆書きできるのか，できないのかを簡単に調べる方法を知っているよ。

せいかい　　　　　　　　　　　　　　　　　　　　　　　　かんたん　　ほうほう

ともこ：先生すごい！　教えてください。

先生　：形のそれぞれの点に集まる線の数を数えるんだ。次のページのプリントにまとめたから見てごらん。

一筆書きのひみつ

まず，次のきまりで，形のそれぞれの点に集まる線の数を数えます。

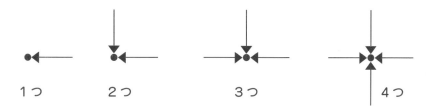

そして，次の 2 つのひみつを使うと，一筆書きができるかわかります。

● ひみつ～その 1

　点に集まる線の数が，1，3，5，……，のように 2 でわりきれないとき，その点は，一筆書きを始める点か，終える点になります。この点を奇数点といいます。奇数点がちょうど 2 つある形は，1 つの点を書き始める点，もう 1 つの点を書き終える点として，一筆書きができます。しかし，奇数点が 2 つより多い形は，一筆書きができません。

● ひみつ～その 2

　点に集まる線の数が，2，4，6，……，のように 2 でわりきれるとき，その点は一筆書きのときに通る点になります。この点を偶数点といいます。すべての点が偶数点である形は，どの点から始めても一筆書きができます。一筆書きを始める点と終える点は同じ点になります。

先生　：ア～オの形でかくにんして，下の表にまとめてみよう。「一筆書き」の
　　　　らんには，一筆書きができるときは○，できないときは × を書いてね。
ともこ：はい！　一筆書きのひみつを使ってみます。

形	ア	イ	ウ	エ	オ
奇数点の数	②	⑤	⑧	⑪	⑭
偶数点の数	③	⑥	⑨	⑫	⑮
一筆書き	④	⑦	⑩	⑬	⑯

学習日		得点
	月　　日	／100点

1　ともこさんは，次の一筆書きができる形について調べています。

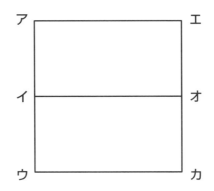

1　ともこさんは，**ア～カ**のどの点から書き始めると，一筆書きができるかがわかりました。書き始めることができる点を記号ですべて答えましょう。

（30点）

> 第5回で学習した「一筆書きのひみつ」
> をヒントにするといいよ。

（　　　　　　　　　　　）

2　ともこさんは，いろいろな方法で上の形の一筆書きをしています。全部で何通りありますか。（30点）

（　　　　　　　　　　　）

3 ともこさんは，右の形を一筆書きしました。何通りで一筆書きができるかを形に注目して考えたところ，**2**で求めた答えと同じだけあることを発見しました。ともこさんがどのように発見したかを考えて，説明しましょう。(40点)

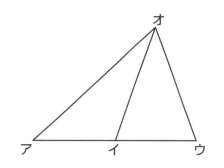

ケーニヒスベルクの7つの橋

一筆書きについて，有名な問題があるよ。むかしむかし，ケーニヒスベルクという町の人がちょうせんした次の問題なんだ。

【問題】
　ケーニヒスベルクのプレーゲル川に7つの橋がありました。同じ橋を2回わたらずに，すべての橋をわたることはできますか。どこから出発してもよいものとします。

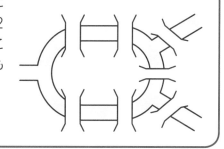

オイラーという数学者は，この問題を右の形の一筆書きの問題に直して，すべての橋をわたれないことを説明したんだって。
　一筆書きができないことは，第5回で学習した「一筆書きのひみつ」を使えばわかるよね。かくにんしてみよう！

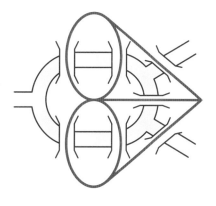

学習日		得点	
	月　　日		／100点

1　ビッツさんはお父さん，お母さんとスーパーマーケットに買い物に行きます。下の図は，ビッツさんの家からスーパーマーケットまでの絵地図です。道は，同じ大きさの正方形を組み合わせた形をしています。ビッツさんとお母さんは，車の中でスーパーマーケットへの行き方について話しています。

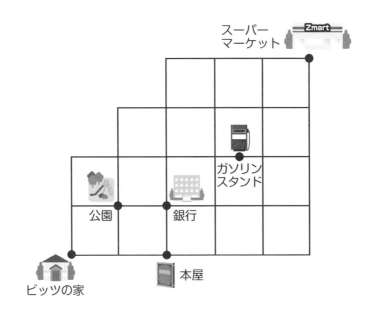

お母さん：わたしたちの家からスーパーマーケットまでの行き方は何通りあるかな？　時間をかけずに行きたいから，遠回りをしない行き方を数えるよ。

ビッツ　：これとこれと……。うーん。一つひとつ数えるのはたいへん。

お母さん：簡単に数える方法を教えるよ。まず，家から公園まで行く場合。家から右に進む場合，次の交差点への行き方は1通りだから，「1」と書くよ。上に進む場合も同じように考えると「1」と書ける。すると，公園への行き方は，2つの「1」をたして，1＋1＝2（通り）と求めることができるよ。公園のところに「2」と書こう。

$1+1=2$

公園

ビッツの家

18

ビッツ　：なるほど。

お母さん：次に，家から銀行まで行く場合。本屋への行き方は1通りだから，「1」と書くよ。公園への行き方は2通りと求めたから，この「2」と本屋への行き方の「1」をたして，2 + 1 = 3（通り）となるよね。銀行のところに「3」と書こう。このように，たし算を使って数えればいいんだよ。

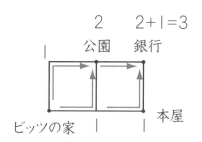

① 家からスーパーマーケットまで，遠回りせずに行く行き方は何通りありますか。ビッツさんのお母さんが教えてくれた方法を使って求めましょう。

(50点)

（　　　　　　　　　　）

② スーパーマーケットに行くとちゅうで，ガソリンスタンドによりました。このとき，家からスーパーマーケットまで，遠回りせずに行く行き方は何通りありますか。ビッツさんのお母さんが教えてくれた方法を使って求めましょう。(50点)

（　　　　　　　　　　）

ガソリンスタンドによるとき，通らない道があるね。その道を消して考えるといいよ。

学習日		得点	
	月　　日		／100点

1　グレアプ町のとくとくスーパーマーケットでは，大切なしげんを再利用して
ごみをへらすために，リサイクル活動を行っています。下のぼうグラフは，と
くとくスーパーマーケットが集めたしげんの重さを表しています。

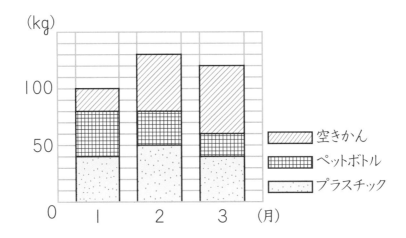

① 　１月～３月の３か月間で，ペットボトルは何kg集まりましたか。

(式10点・答え10点)

　式

答え（　　　　　　　　　　）

② 　２月に集めたペットボトルを調べると，500mLと2Lの2種類があり
ました。ペットボトル１本の重さは，500mLが30g，2Lが65gです。
500mLのペットボトルが480本集まったとき，2Lのペットボトルは
何本集まりましたか。(式10点・答え10点)

　式

答え（　　　　　　　　　　）

2 とくとくスーパーマーケットでは，売ったジュースの空きビンをたくさん集めるために，次のリサイクル活動を行っています。

しげんを大切に

ジュースの空きビン**4本**で，
ジュースを**1本**プレゼント！
空きビンを再利用して，
ごみをへらしましょう！

① ビッツさんの家族は，1箱24本入りのジュースを3箱買いました。とくとくスーパーマーケットのリサイクル活動に参加するとき，何本までジュースを飲むことができますか。（式20点・答え20点）

　式

答え　（　　　　　　　　　　　　）

② ジュースは1本78円です。とくとくスーパーマーケットのリサイクル活動に参加するとき，ビッツさんの家族は何円はらうと，100本のジュースを飲むことができますか。いちばん少ない場合を答えましょう。（20点）

（　　　　　　　　　　　　）

②は，**①**をヒントにして考えるといいよ。**①**のとき，100本まであと何本足りないかを考えるよ。前の問題の答えをかっこよく使って，ちょうせんしてみよう！

21

学習日　　　　月　　日

得点　　　／100点

1　今日は5月5日のこどもの日。端午の節句ともいわれます。日本では，男の子が健康に育つことを願って，お祭りが行われます。今日も元気いっぱいなビッツさんの誕生日は7月23日。5月5日が火曜日のとき，ビッツさんの今年の誕生日は何曜日ですか。(式10点・答え10点)

月	日数
5月	31日
6月	30日

式

答え　(　　　　　　　　　　)

2　ビッツさんとおじいさんは，「うるう年」について，話しています。

おじいさん：1年は何日か知っているかな？

ビッツ　　：365日だよ。あっ，366日の年もあるね。その年の2月は29日まであって，「うるう年」といったよ。

おじいさん：さすが，ビッツ。ものしりだね。それでは，どんなきまりで，365日の年と366日の年が決まっているかを知っているかな？

ビッツ　　：知らないよ。おじいちゃん，教えて！

おじいさん：よし！　まとめると，次のようになるよ。

2015年のように，いつも使っている年のことを「西暦」という。西暦の数が次の数でわりきれるかどうかで，うるう年かがわかる。
　⑦　うるう年は，西暦の数が4でわりきれる年とする。
ただし，次の特別なきまりに注意する。
　⑦　⑦の中で，西暦の数が100でわりきれるが，400でわりきれない年はうるう年としない。
【例】　1900年はうるう年ではない。2000年はうるう年である。

1 次の年がうるう年かどうかを調べましょう。うるう年のときは〇，うるう年でないときは × を下の表に書き入れましょう。（1つ10点）

西暦	2015 年	2020 年	2100 年	2400 年
うるう年				

2 400年間でうるう年が何回あるかを求めます。□にあてはまる数を書き入れましょう。同じ番号の□には同じ数が入ります。（1つ10点）

考えやすいように，1 から 400 までの整数で調べます。

1 から 400 までの整数の中で，4 でわりきれる数は ①□ こあります。この ①□ この整数の中には，100 でわりきれる数が ②□ こふくまれています。さらに，②□ この整数の中には，400 でわりきれる数が ③□ こふくまれています。だから，1 から 400 までの整数の中で，うるう年のきまりをみたす数は ④□ こです。2 から 401 のように，1 から 400 以外の連続する 400 この整数で考えても，同じ答えになります。

このことから，400 年間でうるう年は ④□ 回あることがわかります。

★知っていたら かっこいい！ ➤ **月の日数の覚え方**

日数が 31 日でない月は，
　「2月，4月，6月，9月，11月」
の 5つ。「11」を漢字にすると「十一」。これを重ねると「士」の字になるね。「士」は武士の士で「さむらい」と読むので，日数が 31 日でない月を，
　「二・四・六・九・士」
　→「に・し・む・く・さむらい」→「西向くさむらい」
と覚えるといいよ。

学習日		得点	
	月　　日		／100点

1　うるう年でない年を「平年」といいます。

① 　平年のとき，月の日数が同じで，さらに，曜日まで同じ月が 2 つあります。何月と何月ですか。（30 点）

（　　　　　　　　　　　）

> この問題はむずかしいよ。できるととても
> かっこいい！　それぞれの月の 1 日が 1 月
> 1 日から数えて何日目なのか，また，その数
> を 7 でわったあまりがいくつなのかを調べ
> て，下の表にまとめるといいよ！

月	1	2	3	4	5	6	7	8	9	10	11	12
何日目												
あまり												

② 　うるう年のとき，月の日数が同じで，さらに，曜日まで同じ月が 2 つあります。何月と何月ですか。（30 点）

（　　　　　　　　　　　）

2 イーマルが, きみの誕生日を当てるマジックをしょうかいしています。□に
あてはまる数を書き入れましょう。同じ番号の□には同じ数が入ります。

（①～④ 1つ10点）

　きみが生まれた日を25倍した数に5をたしてみよう。そして, その答えを
4倍するよ。さらに, ここに生まれた月をたして, 20をひくといくつになる
かな？　求めた答えを下の表に書いてみよう。求めた答えが3けたの数のとき
は, 千の位のところに0を書いてね。そして, 矢印のように, 数を入れかえ
てみよう。

千の位	百の位	十の位	一の位

　きみの誕生日が出てきたよね！　それでは, マジックのたねを教えるよ。計
算のきまりを使うんだ。生まれた月を○, 日を△とおこう。生まれた日の△を
25倍した数に5をたした答えを, △を使った式で表すと,

　　　△ × ①□ + ②□

となるよね。そして, その答えを4倍した数を△を使った式で表すと,

　　　(△ × ①□ + ②□) ×4 =△ × ③□ + ④□

　さらに, ここに生まれた月の○をたして, 20をひいた数を, ○と△を使っ
た式で表すと,

　　　△ × ③□ +○

上の表の矢印は, △と○を入れかえるということだから, 入れかえた数を○と
△を使った式で表すと,

　　　○ × ③□ +△

となるよね。だから, 千の位と百の位に生まれた月, 十の位と一の位に生まれ
た日があらわれるんだ。おうちの人や友だちにも教えてあげてね。

学習日		得点	
	月　　日		／100点

1　4年3組のなかよし3人組のビッツさん，しげるさん，ごうさんは，「ボウリング」というスポーツで遊ぶ約束をしました。ばっちり図書館にみんなで行き，ボウリングの得点のしくみをかくにんしています。

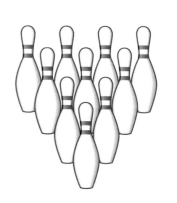

　ボウリングは，ボールを投げて，右の図のような10本のピンをたおすスポーツです。「1フレーム」，「2フレーム」，……，「10フレーム」といわれる10このわくに分けて得点を重ねていき，合計点で勝負を決めます。1フレーム目から9フレーム目までは2回まで，10フレーム目は3回までボールを投げることができます。

① 　下の表は，1フレーム目から5フレーム目までのボウリングの得点表です。1フレーム目は，1投目に7本，2投目に2本のピンをたおして，合計点が9点になったことを表しています。また，2フレーム目は，1投目に4本，2投目に3本のピンをたおして，1フレーム目の得点との合計点が16点になったことを表しています。表の①〜③にあてはまる数を書き入れましょう。（1つ10点）

フレーム	1		2		3		4		5	
名前	7	2	4	3	①	2	7	②	1	6
	9		16		22		31		③	

26

2 ボウリングで，１投目に１０本のピンをたおすことを「ストライク」，１投目で残ったピンを２投目ですべてたおすことを「スペア」といいます。ストライクやスペアをとったときは，たおした本数分の１０点に加えて，特別な得点をもらうことができます。どのようなきまりでもらえますか。次の得点表からきまりを読み取って，説明しましょう。(１つ３５点)

フレーム	1		2	
名前	7	◥	4	5
	14		23	

フレーム	1		2		3	
名前	6	◥◤			2	7
	20		39		48	

フレーム	1		2	
名前	◥◤		4	5
	19		28	

フレーム	1		2		3	
名前	◥◤		◥◤		7	2
	27		46		55	

※ 表の中の ◥ はスペア，◥◤ はストライクを表す記号です。

１フレーム目の得点を見てみよう。１０点との差が，特別な得点だね。２フレーム目や３フレーム目を見て，特別な得点のきまりを読み取ろう！

スペア 〔　　　　　　　　　　　　　　　　　　〕

ストライク 〔　　　　　　　　　　　　　　　　　　〕

学習日		得点
	月　　日	／100点

1　ビッツさん，しげるさん，ごうさんの 3 人は，ボウリングの 10 フレーム目について，くわしく調べてまとめました。

---

10 フレーム目のきまり

・1 投目でストライク，または 2 投目でスペアをとったとき，3 投目まで投げることができます。それ以外のときは 3 投目を投げることはできません。

・10 フレーム目の得点は，たおしたピンの数の合計とし，特別な得点はありません。10 フレーム目の最高点は，ストライクを 3 回連続してとったときの 30 点です。3 回連続してストライクをとることを「ターキー」といいます。

---

　1 フレーム目から 10 フレーム目まで，すべてストライクをとることを「パーフェクトゲーム」といいます。3 人は，パーフェクトゲームのときの得点を計算しています。下の得点表の①〜⑩にあてはまる数を書き入れましょう。

(1 つ 4 点)

フレーム	1	2	3	4	5
名前	①	②	③	④	⑤

6	7	8	9	10
⑥	⑦	⑧	⑨	⑩

2　ビッツさん，しげるさん，ごうさんの３人は，６月22日のボウリングの日にボウリングで遊びました。下の得点表には名前と得点が書かれていません。

フレーム	1		2		3		4		5		6		7		8		9		10		
?	4	2	◤◢		3	4	2	6	◤◢		4	3	2	◥	9	◣	2	5	3	6	

フレーム	1		2		3		4		5		6		7		8		9		10		
?	◤◢		◤◢		4	2	3	5	◤◢		2	3	3	◥	4	4	7	1	2	2	

フレーム	1		2		3		4		5		6		7		8		9		10		
?	8	1	3	6	7	◥	9	◥	2	5	8	1	◤◢		4	3	1	1	◤◢	5	◥

３人はそれぞれ全員の得点を計算しました。でも，１人だけ計算をまちがえてしまったため，その人だけ自分の順位をまちがって答えています。

ビッツ　ぼくは２位。チャンピオンになりたかったな……。

ぼくは２位ではなかったよ。

しげる

ごう　ぼくが１位。チャンピオンだ！

得点表と３人の話をヒントにしてそれぞれの順位と得点を求め，下の表にまとめましょう。（１つ10点）

名前	順位	得点
ビッツ	位	点
しげる	位	点
ごう	位	点

学習日	得点
月　　日	／100点

1 右の図の2まいの三角定規を組み合わせると，いろいろな大きさの角度をつくることができます。りきさんは，75°のつくり方を次のように説明しました。

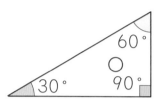

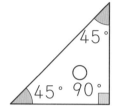

りきさんの説明

右の図のように，2まいの三角定規を組み合わせます。しるしをつけた角度は，

　　30°＋45°＝75°

より，75°です。

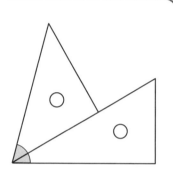

① 15°のつくり方を，りきさんのように説明しましょう。(30点)

② 240°のつくり方を，りきさんのように説明しましょう。(30点)

平らな部分の
180°を使うこ
ともできるね。

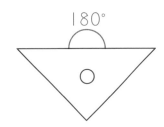

2 りきさんのお姉さんのくみこさんは小学5年生。お姉さんの教科書を見たら、「どんな三角形でも、3つの角の大きさの和は180°です。」と書いてありました。このことを使って、右の図のしるしをつけた角度が何度かを求めましょう。

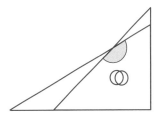

(式20点・答え20点)

答え (　　　　　　　　　　　)

★知っていたら かっこいい! ● 三角定規のひみつ ●

三角定規にあながあいているのはどうしてか知っているかな? 理由を3つしょうかいするね。

① 紙と三角定規の間から空気がぬけて、紙と三角定規がしっかりくっつくんだって。線を引きやすくなるね。

② 三角定規を紙の上から持ち上げるとき、あながあると、指をかけて簡単に取ることができるよね。

③ 多くの三角定規は、プラスチックでできているよ。プラスチックは、高い温度でのびたり、低い温度でちぢんだりしてしまうんだ。三角定規の形が変わると、こまるよね。あながのびちぢみを調節して、三角定規の形が変わるのをふせいでくれるんだって。

そして、2まいの三角定規に、長さの等しい辺があることを知っているかな? くらべて見つけよう。三角定規にはいろいろなひみつがあるんだね。

学習日	得点
月　　日	／100点

1　算数の時間で，4年1組のゆかり先生は角度を調べるおもしろい方法をしょうかいしています。

① 次の会話を読んで，□にあてはまる数を書き入れましょう。（1つ10点）

先生　　：次の2つの直角三角形を考えるよ。角⑧と角⑥の大きさの和が何度かわかるかな？　先生は，分度器を使わずに求めることができるの。

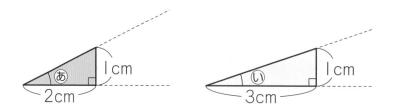

まさとし：本当ですか？　先生すごい！

先生　　：はじめに，分度器ではかってみましょう。

ななみ　：角⑧は，① □ 度と ② □ 度の間の角です。角⑥は ③ □ 度と ④ □ 度の間の角です。だから，角⑧と角⑥の大きさの和は45°になるのかな？

先生　　：45°かどうかを先生の方法でかくにんしてみましょう。1辺が1cmの正方形のます目を使うよ。まず，2つの直角三角形を右の図のように組み合わせてかくの。角⑧と角⑥の大きさの和は，角③の大きさと同じだよね。

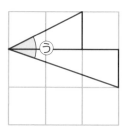

しんご　：はい。ここまでわかりました！

先生 ：次に，下の**図１**のように点線を引くよ。色をつけた三角形は，下の**図２**の正方形を対角線で半分に切った形になるね。この形は，３つの角の大きさが90°，45°，45°の三角定規と同じ形をしているよ。だから，角③の大きさは45°とわかるんだね。

図１　　　　　　　　　　　　図２

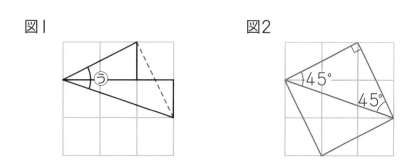

まさとし：ます目を使って，三角定規と同じ形を見つけるのですね。算数の時間に覚えた三角定規の角度が使えてうれしいな。

２ 次の図の角えと角おの大きさの和は何度ですか。下の１辺が１cmの正方形のます目を使って求めましょう。(60点)

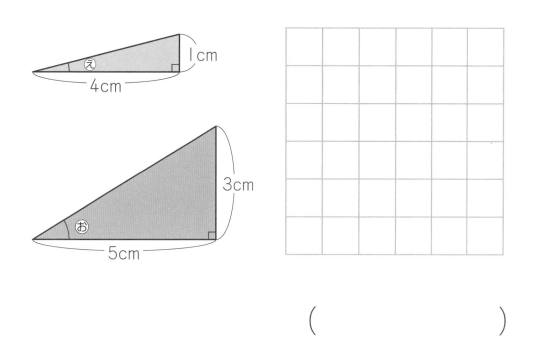

(　　　　　　　　)

学習日　　　月　　日

得点　　／100点

1 わくわく小学校では，6月に遠足があります。色とりどりのあじさいで有名なフラワー公園に行きます。4年2組のつとむ先生は，遠足に必要（ひつよう）なお金を集めています。1人482円ですが，お金を集めやすいように1人500円ずつ集めて，あとからおつりをわたすことにしました。500円ずつ集めたところ，4年2組では全部で576円多く集まりました。4年2組の人数は何人ですか。(式10点・答え10点)

式

答え　(　　　　　　　　　　)

2 日本の6月は梅雨（つゆ）で，雨の日が多いです。雨が強くふっていると遠足を楽しむことができないので，そのようなときは遠足を中止にします。4年4組のアダウト先生は，遠足を行うか行わないかのれんらくを，遠足の日の朝に電話ですることにしました。いま，できるだけ早く全員にれんらくする方法（ほうほう）をみんなで話し合っています。1人にれんらくするのに，1分かかるとします。また，1人が1回にれんらくできる人数は1人だけとします。

① まず，下の図のように6人にれんらくする方法を考えました。先生が電話をかけ始めてから6人全員にれんらくが伝（った）わるまでに何分かかりますか。

(20点)

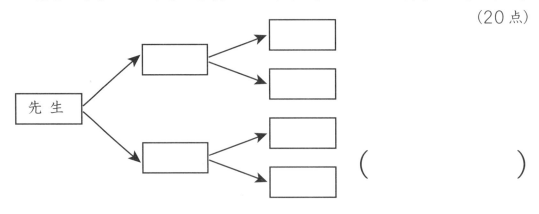

(　　　　　　　　　　)

2 **1**の図の方法より，もっと早く 6 人全員にれんらくする方法があります。その方法を図に表しましょう。(30 点)

3 4 年 4 組の人数は 31 人です。先生が電話をかけ始めてから 31 人全員にれんらくが伝わるまでに何分かかりますか。いちばん短い時間を答えましょう。

(30 点)

(   )

知っていたら かっこいい！ ━━ **20 分後には 100 万人に伝わっている！**

　1 分後にれんらくが伝わる人数は，先生が電話をかけた 1 人だけだね。
　次に，その人と先生の 2 人が電話をかけるので，2 分後までにれんらくが伝わる人数は，先生をのぞいた，
　　2 × 2 − 1 ＝ 3 （人）
　同じように考えると，3 分後までにれんらくが伝わる人数は，
　　4 × 2 − 1 ＝ 7 （人）
　このようにして求めていくと，10 分後までにれんらくが伝わる人数は，
　　512 × 2 − 1 ＝ 1023 （人）
　20 分後までにれんらくが伝わる人数は，
　　524288 × 2 − 1 ＝ 1048575 （人）
とわかるよ。10 分後には 1000 人よりも多くの人に，20 分後には 100 万人よりも多くの人にれんらくが伝わるなんて，びっくりだね！

学習日

月　　日

得点

／100点

1　遠足は，昼食の時間になりました。お弁当は「おにぎり」か「サンドイッチ」から，飲み物は「お茶」か「ジュース」から，必ずそれぞれ1つ選びます。下の図には，4年4組の31人について，選んだものとその人数が書かれています。

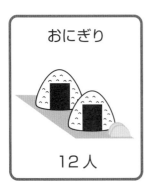

おにぎり

12人

お茶

14人

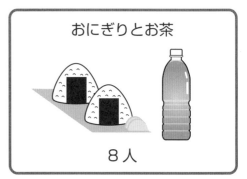

おにぎりとお茶

8人

　　いま，次の図のように，線で囲んだ㋐〜㋓の4つの部分をつくります。色のついた㋐の部分は「おにぎりとお茶を選んだ人」を表すものとします。このとき，㋓の部分が表す人数は何人ですか。(50点)

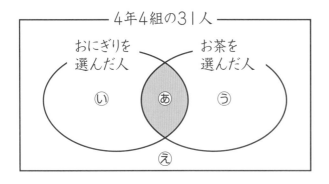

4年4組の31人

おにぎりを
選んだ人

お茶を
選んだ人

㋑　㋐　㋒

㋓

(　　　　　　　　　　)

上のような図を「ベン図」というよ。イギリスの数学者ジョン・ベンさんが考えたんだ。この問題のように，いくつかのグループの重なりの関係を考えるときに使うと便利だよ。

2 フラワー公園には，むらさき，ピンク，青のあじさいがいっぱいさいていました。とてもきれいだったので，4年生のみんなは感動しました。アダウト先生は，むらさき，ピンク，青の3色について，4年4組の31人に好きかどうかを聞いて，次の表にまとめました。

好きな色がない人	0人	青が好きな人	18人
1色だけが好きな人	8人	むらさきとピンクの2色だけが好きな人	6人
2色だけが好きな人	14人		

　そして，下の図をかいて，4年4組のみんなに見せました。色のついた部分は，むらさきとピンクが両方好きな人を表すものとします。

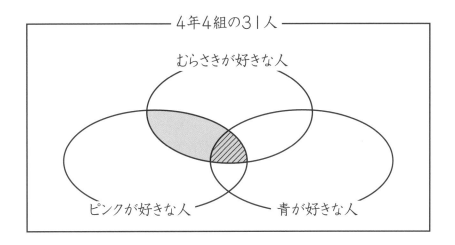

① 真ん中のななめの線をつけた部分が表す人数は何人ですか。（25点）

上のベン図に人数を書き入れながら考えるといいよ。

（　　　　　　　　）

② 青の1色だけが好きな人は何人ですか。（25点）

（　　　　　　　　）

学習日		得点	
	月　　　日		╱100点

1　7月16日は，ゆうまさんとみゆさんのお母さんの誕生日。ゆうまさんとみゆさんは，大好きなお母さんの誕生日会のためにケーキを買います。

1　ゆうまさんとみゆさんは，貯金箱に入っているこうかを調べたところ，右の表のようになりました。五十円玉は何まいありますか。

（式 10 点・答え 10 点）

五円玉	20 まい
十円玉	22 まい
五十円玉	？まい
百円玉	8 まい
合計	1770 円

式

答え（　　　　　　　　　　　　）

2　ゆうまさんとみゆさんは，貯金箱のお金を持ってケーキ屋さんに行きました。ショートケーキ 4 ことシュークリーム 3 こを買おうとしましたが，2210 円になったので，お金が足りませんでした。そこで，ショートケーキ 3 ことシュークリーム 2 こに変えたところ，1600 円になったので，買うことができました。ショートケーキ 1 ことシュークリーム 1 このねだんはそれぞれ何円ですか。（1 つ 20 点）

ショートケーキ（　　　　　　　　　　）

シュークリーム（　　　　　　　　　　）

ショートケーキ 1 こと
シュークリーム 1 この
代金の和がわかるよ。

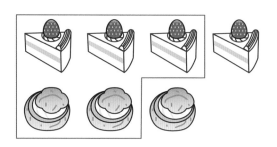

2 ゆうまさんとみゆさんのお母さんの誕生日会で，さいころを使ったゲームをしました。ゲームのルールは次のとおりです。

・ はじめに，下の図のスタートの位置にコマを置きます。
・ さいころを1こふって，出た目の数だけコマを動かします。
・ コマがゴールの位置にぴったり止まれたとき，ゲームを終わります。ただし，ぴったり止まれなかったときは，動けなかった分だけもどします。たとえば，Yの位置にコマがあるときに3の目が出たら，Zの位置にコマを動かします。

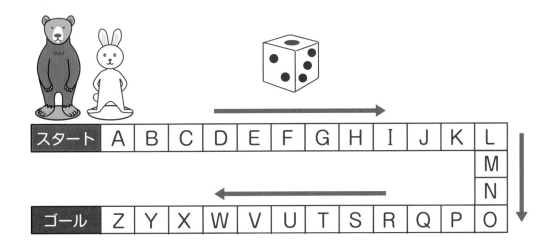

1 ゆうまさんのコマは，8回目のさいころをふったあと，Wの位置にありました。ゆうまさんが10回目のさいころをふってゲームを終わったとき，9回目と10回目のさいころの目の組は，全部で何通りありますか。（20点）

（　　　　　　　　　）

2 みゆさんは，9回目のさいころをふってゲームを終わりました。5回目に出た目を下の表に書き入れましょう。（20点）

何回目	1	2	3	4	5	6	7	8	9
さいころの目	1	4	6	3		5	6	4	2

1　今日は，かえでさんの誕生日。友だちのしんたろうさんと，年れいについての算数の問題を考えています。

かえで　　　：今日は誕生日。10才になったよ！
しんたろう：おめでとう！　プレゼントのねこのぬいぐ
　　　　　　　るみをどうぞ。
かえで　　　：しんたろうさん，ありがとう。
しんたろう：おばあちゃんに年れいの算数を教えてもらったんだ。かえでさん
　　　　　　　にしょうかいするね。かえでさんのお父さんは何才かな？
かえで　　　：38才だよ。
しんたろう：お父さんの年れいが，かえでさんの年れいの3倍になるのが何年
　　　　　　　後かわかるかな？　下の図のように，年れいを線の長さで表すと，
　　　　　　　計算で求められるんだ。おもしろいから，ちょうせんしてみてね。
かえで　　　：うん。がんばるね！

□年後のお父さんとかえでさんの年れい

① 上の図をヒントにして，お父さんの年れいが，かえでさんの年れいの3
倍になるのが何年後かを求めましょう。（式15点・答え15点）

　式

　　　答え　（　　　　　　　　　　　　　　）

2 と 3 の問題は，年れいを線の長さで表して考えよう。自分で図をかけるとかっこいいよ。

2 お父さんの年れいが，かえでさんの年れいの 2 倍になるのは何年後ですか。

(式 15 点・答え 15 点)

式

答え （　　　　　　　　）

3 お父さんの年れいが，かえでさんの年れいの 5 倍だったのは何年前ですか。

(式 20 点・答え 20 点)

式

答え （　　　　　　　　）

　　 きみの組に同じ誕生日の 2 人はいるかな？

　学校の同じ組の人の中に，同じ誕生日の 2 人がいることのほうが多いと思う？それとも，いないことのほうが多いと思う？
　たとえば，人数がおよそ 30 人の組を 10 組調べたとき，7 組で同じ誕生日の 2 人がいることが予想されるんだって。人数がおよそ 40 人になると，9 組にふえるよ。
　これより，同じ組の中に，同じ誕生日の 2 人がいることのほうが多そうだよね。1 年は 365 日か 366 日だから，いないことのほうが多いと思った人が多いんじゃないかな？　きみの組でかくにんしてみるとおもしろいよ。同じ誕生日の 2 人を見つけることができるといいね。

めざせ！計算チャンピオン ①

1　わくわく小学校では，１学期の最後に計算コンテストがあります。今年も計算チャンピオンになりたいビッツさんは，お父さんが作った「計算のきまり」を使う問題にちょうせんして，算数の力をぐんぐんのばしています。次の計算のきまりを使って，かっこよく答えを求めましょう。（１つ20点）

> **計算のきまり**
>
> $○ × ▲ + ○ × ■ + ○ × ★ = ○ × (▲ + ■ + ★)$

① $1.75 × 47 + 1.75 × 31 + 1.75 × 22$

② $22.3 × 68 + 2.23 × 130 + 0.223 × 1900$

③ $1.2 × 22 + 2.4 × 18 + 3.6 × 14$

②と③は，上の計算のきまりをすぐに使えないね。②は，2.23の10倍が22.3，0.223の100倍が22.3であることに注目しよう。計算のきまりが使えることがわかるかな？

2 ビッツさんは，お父さんが作ったもっとむずかしい問題にちょうせんしています。

次のように，1から9までの9この数字をならべるよ。数字と数字の間は，①～⑧の8つがあるね。

1　2　3　4　5　6　7　8　9
　①　②　③　④　⑤　⑥　⑦　⑧

①～⑧に「＋」や「－」の記号を入れることができるよ。たとえば，③と⑦に「＋」，⑤と⑧に「－」を入れると次のようになるね。

1　2　3　＋　4　5　－　6　7　＋　8　－　9

123＋45－67＋8－9という式ができて，答えは100になるね。このようにして100をつくる算数を「小町算」というよ。上の式のほかに，100をつくる式は10通りもあるんだ。ビッツは何通りできるかな？

お父さんの問題を読んで，100をつくる式を4通り立てましょう。

（1つ10点）

1　2　3　4　5　6　7　8　9

1　2　3　4　5　6　7　8　9

1　2　3　4　5　6　7　8　9

1　2　3　4　5　6　7　8　9

学習日		得点
	月　　日	／100点

1 計算コンテストは，明日 7 月 17 日にあります。ビッツさんは，お父さんからまとめの問題を出してもらっています。

お父さん：7 を 4 こならべるよ。

$$7 \quad 7 \quad 7 \quad 7$$

そして，「＋」「－」「×」「÷」の記号やかっこを使って，式を立てるんだ。次のようにすると，答えはいくつかな？

$$(7＋7)÷(7＋7)$$

ビッツ ：計算の順序に注意して求めると，1 になるね。1 は，次のようにして，簡単につくることもできるね。

$$77÷77$$

お父さん：そのとおり。それでは，1 以外で，2，4，6，8，10 をつくることはできるかな？　1 つ 1 分以内でちょうせんしてみよう。

ビッツ ：計算チャンピオンになるためにがんばるぞ！

1 お父さんの問題にちょうせんして，答えが 2，4，6，8，10 になる式を立てましょう。(1 つ 10 点)

2…（　　　　　　　　　　　　　　　　）

4…（　　　　　　　　　　　　　　　　）

6…（　　　　　　　　　　　　　　　　）

8…（　　　　　　　　　　　　　　　　）

10…（　　　　　　　　　　　　　　　　）

2 ビッツさんは，１を５こならべました。

1	1	1	1	1

そして，「＋」「−」「×」「÷」の記号やかっこを使って，答えが０〜１０になる式をそれぞれ立てようとしましたが，１つだけつくることができない答えがありました。その答えはいくつでしょう。（20点）

（　　　　　　　　　　　）

2 次は，お父さんが予想した計算コンテストの問題です。問題を読んで，答えを求めましょう。（１つ１０点）

１〜９の数字を１回だけ使って整数と仮分数をつくり，その和が１００を表すようにするパズルを「センチュリーパズル」といいます。たとえば，整数部分が３のとき，

$$3+\frac{69258}{714}=100$$

のようにして１００を表すことができます。１００の表し方は，このほかに１０通りあります。その中で，整数部分が９６のものは３通りです。すべて答えましょう。

（　　　　　　），（　　　　　　），（　　　　　　）

学習日　　　　月　　日　　得点　／100点

1　夏休みになりました。ばっちり図書館では, 算数教室を開いています。8月1日は, 面積を使ってとく算数をしょうかい!　計算チャンピオンになったビッツさんは, 問題文に面積が登場していないのに, 面積を使って問題をとけることにびっくりしています。

【問題】
　算数教室に参加している子どもたちに, コインの形をしたチョコレートを同じまい数ずつプレゼントします。6まいずつプレゼントすると28まいあまり, 9まいずつプレゼントしようとすると26まい足りません。子どもの人数とチョコレートのまい数を求めましょう。

　たてを子どもの人数, 横をプレゼントするまい数とする長方形を作ります。たとえば, 3人に5まいずつプレゼントするとき, 右の図のような, 面積が, 3×5=15の長方形を作ります。面積の15とまい数の15が等しくなります。

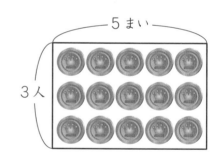

　【問題】の場面を面積を使って表すと, 下の図のようになります。

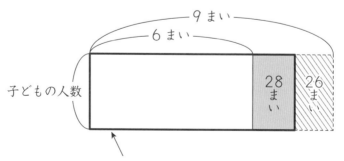

太線の長方形の面積がチョコレートのまい数

46

1 前のページの図を使って，子どもの人数を求めましょう。

(式 15点・答え 15点)

　式

　　　　　　　　　　　答え （　　　　　　　　　　）

2 チョコレートのまい数を求めましょう。(式 15点・答え 15点)

　式

　　　　　　　　　　　答え （　　　　　　　　　　）

2 下の図は，算数教室の練習問題です。面積を使ってときましょう。

(式 20点・答え 20点)

【問題】
　モーモー牧場では，今日もたくさんの牛乳がとれました。ある牛からとれた牛乳を牧場で働いている人に配ります。1人2Lずつ配ると6.4Lあまり，3Lずつ配ろうとすると6.6L足りません。この牛から何Lの牛乳がとれましたか。

　式

　　　　　　　　　　　答え （　　　　　　　　　　）

<table>
<tr><td>学習日

月　　日</td><td>得点

／100点</td></tr>
</table>

1　ばっちり図書館の算数教室では，午後も面積を使ってとく算数の問題をしょうかいしています。

> 【問題】
> 　つるとかめが合わせて100います。足の数の合計は324本です。このとき，つるは何羽，かめは何びきいますか。つるの足の数は2本，かめの足の数は4本です。

　「たてをつる1羽の足の数，横をつるの数とする長方形」と「たてをかめ1ぴきの足の数，横をかめの数とする長方形」を作ります。つるの数とかめの数はわからない数なので，横の長さはいくつでもよいです。それぞれの長方形の面積は，「つるの足の数の合計」と「かめの足の数の合計」を表します。

　【問題】の場面を面積を使って表すと，下の図のようになります。

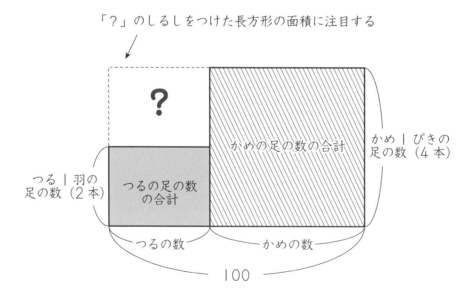

前のページの図で,「?」のしるしをつけた長方形の面積に注目すると, つるの数とかめの数が求められます。つるは何羽, かめは何びきいますか。

式

答え （つる…   , かめ…   ）

色のついた長方形とななめの線をつけた長方形の面積の和は, 足の数の合計の 324。だから,「?」のしるしをつけた長方形の面積は……。

2　下の図は, 算数教室の練習問題です。面積を使ってときましょう。

【問題】
　50 円のえんぴつと 80 円のペンを合わせて 500 本買ったところ, 代金の合計は 33340 円になりました。50 円のえんぴつを何本買いましたか。

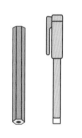

式

答え （   ）

学習日

　　　月　　　日

得点

／100点

1　4年4組のえりさんは，夏の自由研究で世界の国旗を調べています。国旗のもようには，その国の願いやとくちょうが表されているそうです。えりさんは，日本の国旗と同じ赤と白のスイスの国旗に興味をもち，右の図のようにかきました。

　そして，右の図の十字の部分の面積を3通りの方法で求めました。えりさんの説明を読んで，面積を求めましょう。

（それぞれの式10点・答え10点）

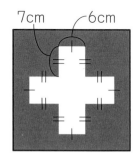

7cm　　　6cm

① **方法1**

　十字を正方形と4つの長方形に分けます。

　式

答え（　　　　　　　　　　　）

② **方法2**

　十字を1つの長方形に変えます。

　式

答え（　　　　　　　　　　　）

50

③ 方法3

十字を，大きい正方形から小さい正方形４つをのぞいた形とみます。

| 式 |

| 答え | (　　　　　　　　　　)

面積の求め方は，
①分ける　②動かす　③のぞく
の３つを覚えておこう。いろいろな方法で，面積を求めることができるとかっこいいよ。

2 デンマークの国旗も赤と白の２色です。右の図で，赤く色のついた部分の面積を，２通りの方法で求めましょう。
（それぞれの式１０点・答え１０点）

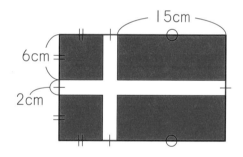

① 方法1
| 式 |

| 答え | (　　　　　　　　　　)

② 方法2
| 式 |

| 答え | (　　　　　　　　　　)

学習日　　　月　　日　　得点　／100点

1　えりさんとアダウト先生は，世界の国旗について話しています。

① □にあてはまる数を書き入れましょう。同じ番号の□には同じ数が入ります。（1つ10点）

えり：先生！　夏休みの自由研究で，世界の国旗を調べています。
先生：いろいろな色のもようがあって，とてもきれいだよね。
えり：はい。わたしは，3色でぬり分けられている国旗がたくさんあることにおどろきました。

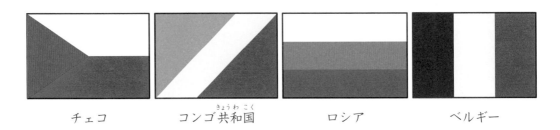

チェコ　　　コンゴ共和国　　　ロシア　　　ベルギー

先生：おもしろいことに気づいたね。国旗はかせのえりさんに，国旗のパズルを出すよ。ちょうせんしてね。
えり：がんばります！
先生：チェコの国旗と同じ形の旗を，白，青，赤の3色すべてを使って作るよ。何通りの作り方があるかな？

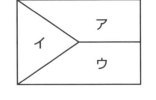

えり：右の図の**ア**の部分が白のときの作り方は

　　　①　　　　　通り。**ア**の部分は，白のと

　　　きだけでなく，青のときも赤のときもあるから，作り方は全部で，

　　　①　　　　　× ②　　　　　= ③　　　　　（通り）です。

先生：正解！　えりさん，ばっちりだよ。

2 先生は，緑と黄の2色も使えるようにしました。白，青，赤，緑，黄の5色の中から3色を使って，チェコの国旗と同じ形の旗を作ります。何通りの作り方がありますか。（30点）

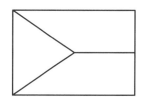

まず，5色の中から3色を選ぶ組み合わせが何通りあるかを求めると……。

（　　　　　　　　）

3 白，青，赤，緑，黄の5色の中から3色まで使うことができます。チェコの国旗と同じ形の旗を作るとき，何通りの作り方がありますか。ただし，3つの部分すべてに色をぬります。また，となり合う部分を同じ色でぬることができます。（40点）

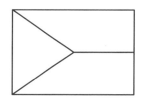

「3色まで」だから，
「1色のとき」
「2色のとき」
「3色のとき」
で分けて考えるんだね。

（　　　　　　　　）

1　9月12日は宇宙の日。毛利衛宇宙飛行士がスペースシャトルで宇宙へ飛び立った日です。れいこさんとはるとさんは、宇宙の本を見ながら話しています。

れいこ：地球と太陽のきょりは、およそ1億4960万km だって。

はると：地球から太陽まで新幹線で行けるとしたら、どの位の時間がかかるんだろう？

れいこ：計算を簡単にするために、新幹線が1時間で進むきょりを300km として、また、地球と太陽のきょりを四捨五入して、上から2けたのがい数で表して求めようか。

はると：式は（①）となるから、およそ（②）時間だとわかるね。

れいこ：「年」に直すとおよそ60年。太陽と地球はとてもはなれているね。

はると：この本は、光の速さについても書いてあるよ。光は1秒間でおよそ30万km も進めるんだって。びっくり！　1分間に進むきょりをくらべると、光の速さは新幹線の速さの（③）倍だとわかるね。

れいこ：光が1年間で進むきょりを「1光年」というそうよ。宇宙はとても広いので、わたしたちがいつも使っている「km」や「m」などできょりを表すのはたいへん。だから、宇宙できょりをはかる場合は、別の単位「光年」をよく使うんだね。

はると：1年を365日とすると、1光年はおよそ何km なのかな？

れいこ：かけ算がたいへんそうだけれど、がんばって計算してみよう！　式は（④）となるから、およそ（⑤）km とわかるね。

❶　地球から太陽まで新幹線で行けるとしたら、およそ何時間かかるかを求めます。①にあてはまる式、②にあてはまる数を答えましょう。（1つ10点）

①　[　　　　　　　　　　　　　　　]

②　（　　　　　　　　　　　　）

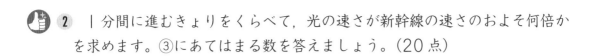 **2** 1分間に進むきょりをくらべて，光の速さが新幹線の速さのおよそ何倍か を求めます。③にあてはまる数を答えましょう。(20点)

③ （　　　　　　　　　）

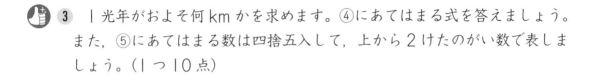 **3** 1光年がおよそ何kmかを求めます。④にあてはまる式を答えましょう。 また，⑤にあてはまる数は四捨五入して，上から2けたのがい数で表しま しょう。(1つ10点)

④ ［　　　　　　　　　　　　　　　　　　　］

⑤ （　　　　　　　　　）

4 地球と太陽のきょりを「1天文単位」といいます。1光年はおよそ何天文 単位ですか。「km で表した地球と太陽のきょり」と「**3** で求めた1光年」 をどちらも四捨五入して，上から2けたのがい数で表してから求めましょう。 また，答えも四捨五入して，上から2けたのがい数で表しましょう。

(式20点・答え20点)

▐ 式 ▏

▐ 答え ▏ （　　　　　　　　　）

 知って いたら **かっこいい！** ・◦ **太陽の光が地球にとどくまでの時間** ◦・

　1天文単位は，光がおよそ8分間で進むことができるきょりだよ。太陽から出た 光は，およそ8分後に地球にとどくんだ。新幹線はおよそ60年かかるから，光が とても速いことがわかるね。
　宇宙について調べると，大きい数をいっぱい見つけることができるからおもしろい よ。学校の図書室や住んでいるまちの図書館で調べてみてね。

1 あれいさんが持っている CD には「700MB」，DVD には「4.7GB」と書かれています。あれいさんは，700MB や 4.7GB が何を表しているのかを知りたくなりました。そこで，わくわく小学校の図書室で調べて，次のようにまとめました。

- パソコンでつくったデータの大きさや，データをほぞんする記憶装置（き おくそう ち）の大きさを表すときに「B」という単位（たん い）を使い，「バイト」と読む。
- 1B は，数字やアルファベット 1 文字分のデータの大きさを表す。漢字やひらがなは，アルファベットよりふくざつな形をしているので，1 文字で 2B になる。
- 1000B を 1kB と表し，「1 キロバイト」と読む。
- 「MB」は「メガバイト」と読み，1MB＝1000kB
- 「GB」は「ギガバイト」と読み，1GB＝1000MB

① 1GB は何 B ですか。（20 点）

（　　　　　　　　）

② ①の問題「1GB は何 B ですか」の文字数は 9 文字です。この 9 文字のデータの大きさは何 B ですか。（20 点）

（　　　　　　　　）

3 写真や動画，音楽などのデータは，文字のデータとくらべて大きくなります。あれいさんは，デジタルカメラでとった写真を 700MB の CD にほぞんすることにしました。写真 1 まいのデータの大きさを 3MB とするとき，写真は何まいまでほぞんできますか。（式 15 点・答え 15 点）

式

答え （　　　　　　　　　）

4 あれいさんのお父さんは，運動会の動画をビデオカメラで 1 時間 10 分さつえいしたいと思っています。この動画をお父さんが持っているビデオカメラにほぞんするためには，ＳＤ カードとよばれる記憶装置(きおくそうち)が必要(ひつよう)です。そこで，お父さんは，SD カードを電器店(でんきてん)に買いに行きました。動画 1 分のデータの大きさを 112MB とするとき，次の**ア〜オ**の SD カードの中で，お父さんが買うとよいものをすべて選(えら)び，記号で答えましょう。（30 点）

ア	128MB
イ	2GB
ウ	4GB
エ	8GB
オ	16GB

（　　　　　　　　）

もっと大きいデータの大きさを表すときに，「TB」という単位を使うんだって。「テラバイト」と読むよ。
　1TB ＝ 1000GB
1TB は 1 兆(ちょう) B になるね。いろいろな単位を知ることができると楽しいね！

学習日　　　月　　日

得点　　／100点

1　10月は運動の秋!　わくわく小学校の4年1組から4年4組までの4つの組で, クラスたいこうの球技大会を行うことになりました。

① 球技大会の種目は, 多数決で決めます。4年生の131人全員が, 野球, サッカー, バレーボール, バスケットボールの中から1つだけを選んで投票しました。サッカーに必ず決まるためには, 何人がサッカーを選べばよいですか。いちばん少ない人数を答えましょう。

（式15点・答え15点）

式

答え（　　　　　　　　　　）

式は「131 ÷ 4」ではないよ。
注意してね。

② 球技大会は, どの組もほかのすべての組と1試合ずつ行います。このような戦い方をリーグ戦といいます。1試合の時間は15分で, 試合と試合の間のきゅうけい時間は8分です。午後1時にリーグ戦を始めます。いちばん早くリーグ戦を終えるように進めるとき, リーグ戦が終わるのは午後何時何分ですか。ただし, 2つの試合を同時に行ってもよいものとします。（20点）

（　　　　　　　　　　）

3 4年1組から4年4組までの4人が，球技大会の結果について話しています。4つの組の順位を答えましょう。同じ成績の組が2つあったときは，その2つの組の対戦で勝ったほうを上位とします。(30点)

1組 まりお：1組は1勝2敗。もっと勝ちたかったな。

2組 える：全勝した組はなかったね。

3組 たかのぶ：3組は1組に負けちゃった。くやしい！

4組 めろん：4組は3組に勝ったよ。

$$\left(\begin{array}{ll} 1位\cdots\qquad\qquad, & 2位\cdots \\[2mm] 3位\cdots\qquad\qquad, & 4位\cdots \end{array} \right)$$

4 球技大会に優勝した組は，すてきな賞品をもらえました。賞品は立方体の箱に入っていて，右の図のように箱のまわりに，十字にリボンがかけられています。リボンは結び目に48cm使われていて，全部で2m必要でした。箱の1辺の長さは何cmですか。

（式10点・答え10点）

式

答え（　　　　　　　）

1　　グレアプ町では，10月と11月の日曜日に，県の野球大会を行います。トーナメント戦で行い，優勝チームは全国大会に出場できます。4年3組のたかのぶさんとだいすけさんは，トーナメント戦について調べています。

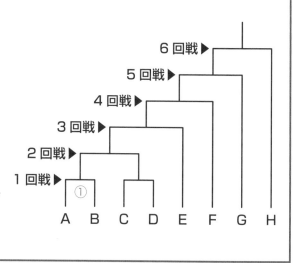

トーナメント戦のきまり

　　勝ったチームが残っていき，最後の1チームになるまで対戦を続けていく戦い方をトーナメント戦といいます。
　　右の表は，8チームのトーナメント表の例の1つです。①は，AチームとBチームの対戦を表しています。

6 回戦▶
5 回戦▶
4 回戦▶
3 回戦▶
2 回戦▶
1 回戦▶　①
A B C D E F G H

①　上のトーナメント表で，A～Dチームは1回戦から登場し，優勝するためには6回勝たなくてはいけません。Hチームは5回戦まで不戦勝なので6回戦から登場し，優勝するためには1回だけ勝てばよいです。たかのぶさんとだいすけさんは，「これは不公平だね！」と話しています。そこで，優勝するために必要な試合数が同じトーナメント表を考えました。そのトーナメント表をかきましょう。（30点）

2 県の野球大会には，12 チームが参加します。たかのぶさんは，できるだけ公平にするために，2 回戦から不戦勝するチームがないトーナメント表を考えました。このとき，2 回戦から戦うチームの数は何チームですか。

(30点)

7チームだったら，2回戦から
戦うチームは1チームだよ！

（　　　　　　　　　　）

3 全国大会もトーナメント戦で行います。だいすけさんは，47 都道府県の47 チームが参加した場合のトーナメント表を考えています。2 回戦から不戦勝するチームがないとき，2 回戦から戦うチームの数を，トーナメント表をかかずに計算で求めました。だいすけさんがどのように計算したのかを式で説明しましょう。また，2 回戦から戦うチームの数が何チームかを答えましょう。(式20点・答え20点)

式

答え（　　　　　　　　　　）

学習日　　月　　日　　得点 ／100点

1 　まさとしさんは，分数の計算がお気に入りです。ばっちり図書館で分数を調べていると，右の式を見つけました。でも，学校で分母がちがう分数のたし算やひき算を習っていないので，どうしてこの式が正しいのかわかりません。そこで，本を読み進めて調べています。

$$\frac{1}{2} - \frac{1}{3} = \frac{1}{6}$$

①　$\frac{1}{2} - \frac{1}{3} = \frac{1}{6}$ が正しいことは，6 等分したますを使うとわかります。右の図のようにます全体に色をぬると，1 を表すものとします。このとき，下の 3 つのますに色をぬって，$\frac{1}{2} - \frac{1}{3} = \frac{1}{6}$ が正しいことをかくにんしましょう。(20 点)

$$\frac{1}{2} \qquad - \qquad \frac{1}{3} \qquad = \qquad \frac{1}{6}$$

②　まさとしさんは，12 等分したますを使うと，$\frac{1}{3} - \frac{1}{4} = \frac{1}{12}$ が正しいことがわかりました。しばらくして，$\frac{1}{4} - \frac{1}{5}$ の答えが，ますを使わずに求められることを発見しました。まさとしさんは「分母に目をつけるのがポイント」と話しています。$\frac{1}{4} - \frac{1}{5}$ の答えはいくつでしょう。(20 点)

（　　　　　　）

3 次の分数の計算をしましょう。（1つ 20点）

① $\dfrac{1}{2} + \dfrac{1}{6} + \dfrac{1}{12} + \dfrac{1}{20}$

 ② $\dfrac{1}{2} + \dfrac{1}{6} + \dfrac{1}{12} + \dfrac{1}{20} + \dfrac{1}{30} + \dfrac{1}{42} + \dfrac{1}{56} + \dfrac{1}{72} + \dfrac{1}{90}$

$2 = 1 \times 2,\ 6 = 2 \times 3,\ 12 = 3 \times 4,$
$20 = 4 \times 5,\ \cdots\cdots$。
計算をくふうできそうだね！

4 次は，分数はかせへのちょうせん問題。答えを求めましょう。（20点）

★ ちょうせん問題

○，△を 0 より大きい整数とします。次の○と△にどんな数を入れても，正しい式になります。

$$\dfrac{○}{△ \times (△ + ○)} = \dfrac{1}{△} - \dfrac{1}{△ + ○}$$

この式を使って，次の分数の計算をしましょう。

$$\dfrac{2}{3} + \dfrac{4}{21} + \dfrac{6}{91} = ?$$

（　　　　　　　　）

学習日　　月　　日

得点　　／100点

1 まさとしさんは，分数に次のきまりがあることを知りました。

> 分数の分母と分子に 0 でない同じ数をかけたり，分数の分母と分子を 0 でない同じ数でわったりしても，大きさは変わらない。

たとえば，$\dfrac{1}{2}$ の分母と分子に 6729 をかけると，$\dfrac{1}{2} = \dfrac{6729}{13458}$ がわかります。まさとしさんは，このきまりを使った分数パズルにちょうせんしています。

★ 分数パズル

$\dfrac{6729}{13458}$ には 1 ～ 9 の数字が 1 回ずつ使われています。このような分数の中で，$\dfrac{1}{2}$ と等しい分数は 12 こあります。このうち，分子の千の位 が 9 の分数は 3 こです。すべて見つけましょう。

分数パズルの答えを求めましょう。（1 つ 20 点）

(　　　　　)，(　　　　　)，(　　　　　)

まず，分母の一万の位と千の位の数字を考えるといいよ。

2 11月20日はピザの日。グレアプ町の「もりもりピザ」は，ピザがおいしくて有名なお店です。下の図はお店の前にあるかんばんですが，$\frac{1}{4}$ の大きさのピザのねだんが消えてしまっています。

ピザの日☆キャンペーン！

いつもは1まい2800円。今日だけ400円引き！
分けて買うこともできます！　今日のねだんは下の表のとおり。

大きさ	$\frac{1}{2}$	$\frac{1}{3}$	$\frac{1}{4}$	$\frac{1}{6}$	$\frac{1}{8}$
ねだん	1250円	850円	?円	450円	350円

お店の人はあるきまりにしたがって，ねだんを決めています。そのきまりを発見して，$\frac{1}{4}$ の大きさのピザのねだんを求めましょう。

(式20点・答え20点)

　式

答え（　　　　　　　　　　　）

65

1　4年2組のつとむ先生は，12月12日の算数の時間で，1と2を使った整数の問題を4年2組のみんなにしょうかいしています。

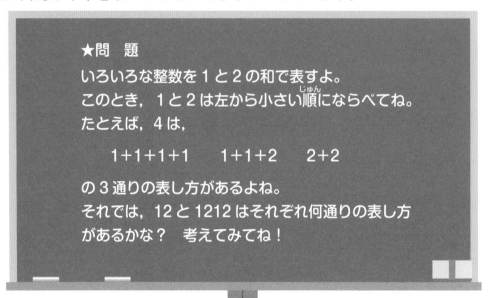

★問　題
いろいろな整数を1と2の和で表すよ。
このとき，1と2は左から小さい順にならべてね。
たとえば，4は，

　　　1+1+1+1　　　1+1+2　　　2+2

の3通りの表し方があるよね。
それでは，12と1212はそれぞれ何通りの表し方があるかな？　考えてみてね！

① 12は何通りの表し方がありますか。(25点)

（　　　　　　　　）

② 1212は何通りの表し方がありますか。(25点)

（　　　　　　　　）

② は，式を全部書いて考えるのはたいへんそうだね。1212を2だけの和で表すとき，2が何こ必要かを考えてみるといいよ。

2　次の問題は，つとむ先生が宿題に出した整数のちょうせん問題です。宿題の答えを求めましょう。

【問題】
　箱の中に，3 が書かれたカードと 5 が書かれたカードがたくさん入っています。いま，箱の中からカードを取り出して，カードに書かれた数の和を計算します。
　たとえば，3 が書かれたカードを 5 まい取り出したときと，5 が書かれたカードを 3 まい取り出したときは，どちらも和が 15 になります。和が 15 になるようなカードの取り出し方は，この 2 通りだけです。
　それでは，和が 35 と 1212 になるようなカードの取り出し方は，それぞれ何通りありますか。

① 和が 35 になるようなカードの取り出し方は何通りありますか。(25 点)

（　　　　　　　　）

② 和が 1212 になるようなカードの取り出し方は何通りありますか。(25 点)

「3 が書かれたカード 5 まいの数の和」と「5 が書かれたカード 3 まいの数の和」が等しいことに注目しよう。

（　　　　　　　　）

学習日		得点	
	月　　日		╱100点

1　4年1組のこうへいさんとひろこさんは, 同じ整数を何回もかけた数について調べています。

① 下の□にあてはまる数を書き入れましょう。（1つ15点）

こうへい：中学生のお姉ちゃんから, 新しい数を教えてもらったよ。下の図のように, 整数の右上に小さく整数を書くんだ。3^5 という数は, 3を5回かけたことを表すんだって。

$$3^5 = 3 \times 3 \times 3 \times 3 \times 3$$

ひろこ　：同じ整数を何回かけているかが簡単にわかるから便利だね。3^5 を計算すると,　　①　　になったよ。

こうへい：お姉ちゃんから, 次の算数クイズを出されたんだけれど, とてもむずかしいんだ。

$$\text{Q}\quad 3^{45} \text{ の下2けたの数はいくつかな？}$$

ひろこ　：3を45回もかけるのはたいへん。どうすればいいんだろう……。

こうへい：あ！　お姉ちゃんが帰ってきた。お姉ちゃん, この前のクイズがむずかしいからヒントをちょうだい。

お姉さん：計算のきまりを使うといいよ。3^5 は, 次のように $3^3 \times 3^2$ の計算で求められることがわかるかな？

$$3^5 = 3 \times 3 \times 3 \times 3 \times 3$$
$$= (3 \times 3 \times 3) \times (3 \times 3)$$
$$= 3^3 \times 3^2$$

こうへい：5回を3回と2回に分けて計算したんだね。

お姉さん：そのとおり。それでは，ひろこさん。3^{10} を計算のきまりを使って求めてごらん。

ひろこ　：はい！　10回を5回と5回に分けると，さっき求めた 3^5 の答えが使えるから……。

$3^{10} =$ ②［　　　　　　　　　　　　］になったよ。

こうへい：ひろこさんが求めた答えを使って，3^{20} を求めることもできるね。20回を10回と10回に分けて……。

$3^{20} =$ ③［　　　　　　　　　　　　］になるね。

お姉さん：ひろこさんもこうへいもばっちり。3^{20} の下2けたの数「01」は，3^{10} の下2けたの数「49」どうしの積「2401」の下2けたの数「01」と等しくなっているね。下2けたの数だけに注目して，3^{20} の下2けたの数を求められるんだ。3^{45} の下2けたの数も，同じようにくふうして求めてみよう。

こうへい：えっと……。3^{45} の下2けたの数は ④［　　　　　　　　］だ。

お姉さん：正解！

---

❷　こうへいさんのお姉さんは，次の練習問題をこうへいさんとひろこさんに出しました。答えを求めましょう。(1つ20点)

> **Q** 7^{10} の下3けたの数は249。7^{20} と 7^{123} の下3けたの数はいくつかな？

7^{20} の下3けたの数　（　　　　　　　　　　）

7^{123} の下3けたの数　（　　　　　　　　　　）

<table>
<tr><td>学習日</td><td>月　　日</td><td>得点</td><td>／100点</td></tr>
</table>

1 4年2組のゆりこさんは，つとむ先生と面積のふしぎについて話しています。

下の図の三角形⑥の1つの辺は直線アの上にあり，1つの頂点は直線アに平行な直線イの上にあるね。いま，この頂点を直線イの上にあるように動かして，別の三角形を作るよ。形はいろいろ変わるけれど，面積はいつも同じなんだって。先生が初めて聞いたときは，びっくりしたよ。

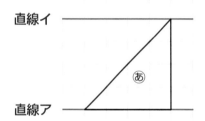

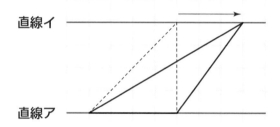

① ゆりこさんは，つとむ先生が教えてくれたことを使って，下の図の色をつけた形の面積を求めることができました。ます目1この面積が1.5cm^{2}のとき，色をつけた形の面積は何 cm^2 ですか。（50点）

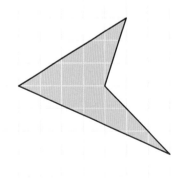

（　　　　　　　）

2 下の図のような長方形**アイウエ**があります。いま,対角線**アウ**を | 辺とし,点**エ**を通る長方形**アウカオ**を作ります。このとき,ゆりこさんは,つとむ先生が教えてくれたことを使って,長方形**アウカオ**の面積を求めることができました。どのように求めたのかを説明しましょう。また,面積が何 cm^2 かを答えましょう。(| つ 25 点)

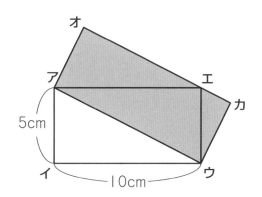

頂点エを動かして,三角形アウエと同じ面積の三角形を作ってみよう。

求め方 〔　　　　　　　　　　　　　　　　　　　　〕

面積 （　　　　　　　　　　　　　　　　）

学習日		得点	
	月　　日		／100点

👍 **1**　つとむ先生は，面積はかせへのちょうせん問題を出しました。面積の問題が大好きなふみかずさんは，絶対に正解したいと思っています。次のちょうせん問題を読んで，答えを求めましょう。(50点)

面積はかせにちょうせん！

図１のように，大きい正方形を２つの正方形と２つの長方形に分けました。色をつけた正方形の１辺の長さは4cmです。このとき，図２の太い線で囲んだ四角形の面積と，色をつけた三角形の面積をくらべます。どちらの面積のほうが何 cm² 大きいですか。

図１

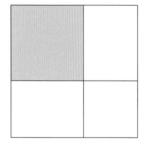

図２

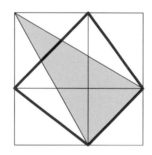

　　　　(　　　　　　　　　　の面積のほうが　　　　　　 cm² 大きい。)

面積をくらべられるように，色をつけた三角形の形を変えていこう。第33回で，つとむ先生に教えてもらったことを使って，面積はかせになってね。

つとむ先生は，下の図のような長方形と正方形を厚紙にかき，切り取りました。そして，「どちらの面積が大きいかな？ 調べる方法を１人２つ考えてみよう！」と４年２組のみんなに話しかけています。方法を２つ考えて，説明しましょう。(１つ25点)

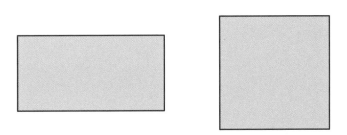

★１つ目

★２つ目

これが
できると かっこいい！

道具を使ってもいいよ。方法を発見できるようになったり，先生や友だちにしっかり伝えられるようになったりして，もっとかっこよくなろうね！

学習日　　　　月　　日

得点　　／100点

1　立体が大好きなまきさんは，ゆうすけさんに展開図クイズを出しています。

まき　　：図1のように立方体の展開図に「さ」「ん」「す」「う」の4文字
　　　　　を書くよ。そして，図2のように組み立てると，「さんすう」と
　　　　　左から右へ読めるように文字がならぶね。

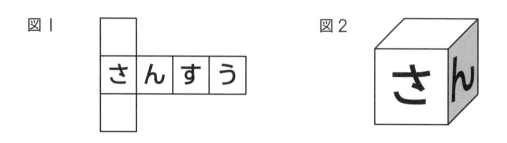

図1

図2

ゆうすけ：そうだね！

まき　　：それでは，ゆうすけさんにむずかしい問題を出すよ。図3の展開
　　　　　図に「ん」「す」「う」の3文字を書き入れてみよう。組み立てた
　　　　　とき，図2のように「さんすう」と左から右へ読めるようにしな
　　　　　くてはいけないよ。

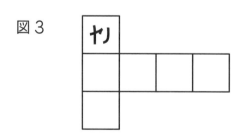

図3

① まきさんがゆうすけさんに出した問題にちょうせんして，図3の展開図
に「ん」「す」「う」の3文字を書き入れましょう。（20点）

2 立方体の展開図には，ほかにもいろいろな形があります。下の図のように，「だ」「い」「す」「き」の 4 文字の中で，I 文字だけが展開図に書いてあります。組み立てたとき，「だいすき」と左から右へ読めるように，残りの 3 文字を展開図に書き入れましょう。（I つ 20 点）

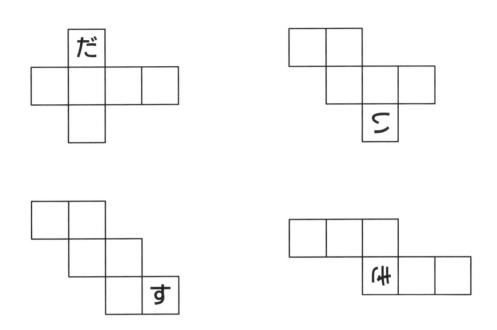

知っていたら **かっこいい！** ── **立方体の展開図は何種類あるかな？** ●────

　立方体の展開図は **1** でしょうかいした 5 種類のほかに，下の図の 6 種類があるんだ。全部で II 種類。紙に展開図をかいて，立方体を組み立ててみよう。立方体の展開図を全部知ることができたきみはとてもかっこいいよ！

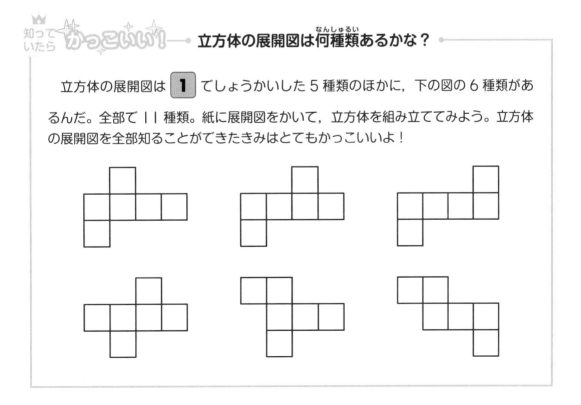

学習日　　　月　　日　　得点　　／100点

1　　なおこさんは，同じ大きさの立方体を 3 段に積み上げて立体を作りました。前，左の 2 つの方向から見たときの図を次のようにかき，たくみさんに見せました。

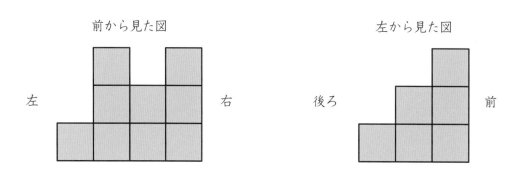

前から見た図　　　　　　　　　　　　左から見た図

①　　なおこさんは「このように見える立体はたくさんあるよ。その中で，立方体の数がいちばん多い場合は何こかな？」と，たくみさんにクイズを出しました。なおこさんのクイズに答えましょう。（30 点）

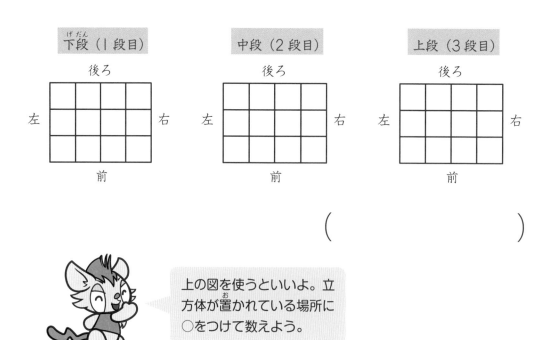

下段（1 段目）　　　中段（2 段目）　　　上段（3 段目）

（　　　　　　　　　）

上の図を使うといいよ。立方体が置かれている場所に〇をつけて数えよう。

👍 **2** たくみさんは、**1**でいちばん多い場合を正しく求めました。いちばん少ない場合が気になり、自分で調べてみました。なおこさんがかいた図のように見える立体の中で、立方体の数がいちばん少ない場合は何こですか。(30点)

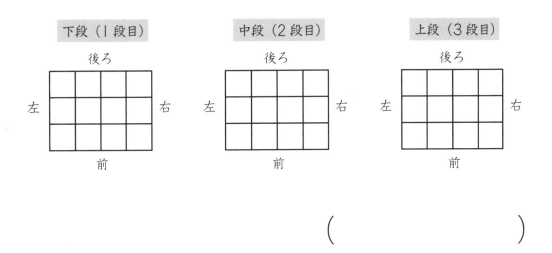

(   )

👍 **3** なおこさんは、立体を上から見た図もたくみさんに見せました。

上から見た図

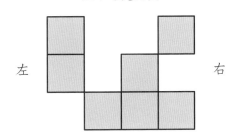

　なおこさんは、この立体を作るのに13この立方体を使いました。たくみさんは、なおこさんが立方体をどのように積み上げたのかがわかりました。下の図で、立方体が置かれている場所に○をつけましょう。(40点)

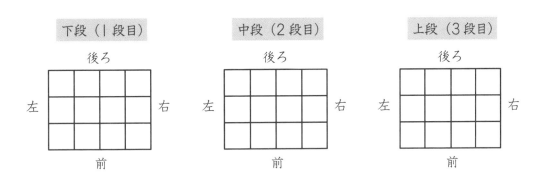

学習日　　月　　日

得点　　／100点

1　わくわく小学校では，12月14日にマラソン大会があります。ごうさんとまさとしさんは，11月25日から12月13日まで，毎日マラソン大会の練習をします。ごうさんは毎日1.48km，まさとしさんは毎日2.26kmの道のりを走ります。

① 11月25日から12月13日までに走る道のりは，まさとしさんのほうがごうさんより何km長いですか。（式5点・答え5点）

式

答え（　　　　　　　　　　　）

② ごうさんはまさとしさんに負けたくないので，12月に毎日走る道のりをふやすことに決めました。2人が11月25日から12月13日までに走る道のりを同じにするためには，ごうさんは12月に毎日何km走ればよいですか。（式10点・答え10点）

式

答え（　　　　　　　　　　　）

2 こよみさんは，来年のカレンダーを買いました。すると，次のカレンダーのクイズが，おまけでついていました。

> ある月の水曜日の日にちの数の和は 58 です。
> このとき，この月の 1 日は何曜日ですか？

こよみさんは，下の説明のように○を使った式を立てて，このクイズにちょうせんしました。□にあてはまる数や言葉を書き入れて，クイズの答えを求めましょう。同じ番号の□には同じ数が入ります。(1 つ 10 点)

こよみさんの説明

月の週の数は 4 つまたは 5 つです。いま，週の数を 5 つとして，この月の最初の水曜日の日にちを○日とします。このとき，この月のすべての水曜日の日にちの和を，○を使った式で表すと，

$$○ × \boxed{①} + \boxed{②}$$

となります。しかし，○にどんな数を入れても 58 になりません。

したがって，週の数は 4 つとわかります。このとき，この月の最初の水曜日の日にちを○日として，この月のすべての水曜日の日にちの和を，○を使った式で表すと，$○ × \boxed{③} + \boxed{④}$ となります。これが 58 に等しいので，

$$○ × \boxed{③} + \boxed{④} = 58$$

$○ × \boxed{③}$ に $\boxed{④}$ をたすと 58 になるから，計算の関係より，

$○ × \boxed{③}$ は 58 から $\boxed{④}$ をひいた数です。だから，

$$○ × \boxed{③} = \boxed{⑤}$$

○に $\boxed{③}$ をかけると $\boxed{⑤}$ になるから，計算の関係より，

○は $\boxed{⑤}$ を $\boxed{③}$ でわった数です。だから，

$$○ = \boxed{⑥}$$

この月の $\boxed{⑥}$ 日は水曜日だから，1 日は $\boxed{⑦}$ 曜日です。

学習日

月　　日

得点

／100点

1　新年になりました。ビッツさんの家族は，ふるさと町に住むおじいさんとおばあさんとお正月を楽しくすごしています。算数はかせのおじいさんは，ビッツさんに次のスペシャル問題を3問出しました。おじいさんは「全部の問題に正解できたら，たくさんの算数パズルの本をお年玉であげるぞ。」とビッツさんに話しかけました。ビッツさんはやる気まんまんです。

① 下の図のように8つの○をならべます。いま，この8つの○に，ちがう整数を1つずつ書いていきます。このとき，○に書いた全部の数が，その両どなりに書いた数の和の半分になるように，整数を書くことはできません。その理由を説明しましょう。（40点）

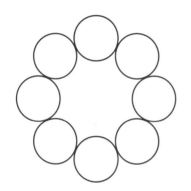

書いた8つの整数の中で，いちばん大きい数か，いちばん小さい数に注目するといいよ。

2 5と8の和でつくることができない整数の中で，いちばん大きい数はいくつですか。5だけの和，8だけの和で整数をつくってもよいものとします。

（30点）

右の表を使うと考えやすくなるよ。

1	2	3	4	5	6	7	8
9	10	11	12	13	14	15	16
17	18	19	20	21	22	23	24
25	26	27	28	29	30	31	32
33	34	35	36	37	38	39	40
41	42	43	44	45	46	47	48

（　　　　　　　　　）

3 わくわく小学校の冬休みは1月7日までです。いま，1月7日を次のようにマッチぼうを使って表しました。

月も日も2けたの数で表すとき，1月7日はマッチぼうを18本使います。それでは，1月1日から12月31日までの中で，マッチぼうを13本使う月日は何通りありますか。ただし，0から9までの数字は次のように表すものとします。（30点）

（　　　　　　　　　）

学習日　　　月　　日 ／ 得点 ／100点

1　わくわく小学校の 3 学期が始まり, 4 年 1 組では当番をあみだくじで決めました。きょうへいさんとりかさんは, あみだくじに興味をもちました。

きょうへい：右の図のたて線が 3 本のあみだくじを考えよう。上のはしに, 左から順に, 1, 2, 3 の番号をつけて, たて線と横線をたどっていくと……。

りか　　　：下のはしでは, 左から 2, 3, 1 の順になるね。

きょうへい：そうだね。たて線が 4 本のあみだくじもかいてみようか。

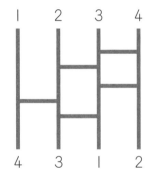

①　りかさんは, 右の図のあみだくじをかきました。そして, このあみだくじと同じものをたてに何こかつないだところ, いちばん下のはしでは, 上のはしと同じ, 左から 1, 2, 3, 4 の順になりました。次の□にあてはまる数を書き入れて, このあみだくじを全部で何こ使ったかを求めましょう。同じ番号の□には同じ数が入ります。

（1 つ 30 点）

りか　　　：4 本のあみだくじをかいたよ。このあみだくじでは, 次のように番号が移動するね。
　　　　　　・左から 1 番目の番号は, 左から 3 番目に移動する
　　　　　　・左から 2 番目の番号は, 左から 4 番目に移動する
　　　　　　・左から 3 番目の番号は, 左から 2 番目に移動する
　　　　　　・左から 4 番目の番号は, 左から 1 番目に移動する

きょうへい：うん。下の**図１**のように左から１番目を❶，２番目を❷，３番目を❸，４番目を❹とおくと，りかさんの説明は**図２**のように表せるね。

図１　　　　　　　　　　　　　　　図２

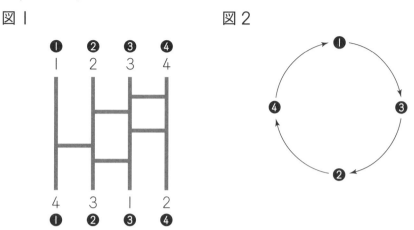

りか　　：図２から，あみだくじを全部で２こ使ったとき，左から１番目の番号１は，左から ① ［　　　］ 番目に移動することがわかるね。同じように考えていくと，あみだくじを全部で ② ［　　　］ こ使ったとき，左から１番目の番号１は，初めて左から１番目にもどってくることがわかるね。

きょうへい：そうだね。番号２，３，４についても同じことがいえるね。

りか　　：だから，このあみだくじを全部で ② ［　　　］ こ使うごとに，いちばん下のはしでは，上のはしと同じ，左から１，２，３，４の順になるんだね。

2　りかさんは，右の図のあみだくじをかきました。そして，このあみだくじと同じものをたてに何こかつないだところ，いちばん下のはしでは，上のはしと同じ，左から１，２，３，４，５の順になりました。このとき，このあみだくじを全部で何こ使いましたか。いちばん少ない数を答えましょう。
（40点）

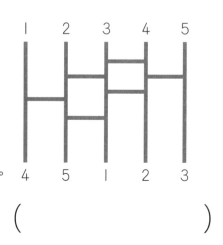

（　　　　　　）

学習日		得点	
	月　　日		╱100点

1 　りかさんは，右の図のあみだくじをかきました。そして，このあみだくじと同じものをたてに何こかつないだところ，いちばん下のはしでは，上のはしと同じ，左から1，2，3，4，5の順になりました。このとき，このあみだくじを全部で何こ使いましたか。いちばん少ない数を答えましょう。（40点）

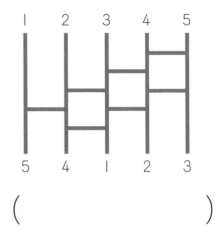

（　　　　　　　　　　　）

2 　わくわく小学校の図書室にあみだくじの本がありました。あみだくじの仕組みについて，次のように書いてあります。

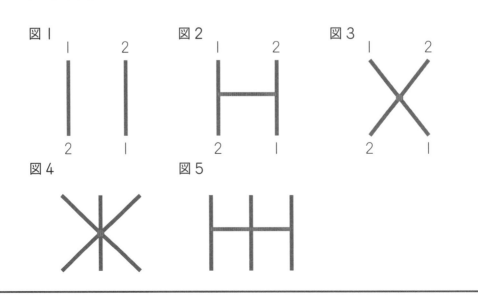

図1のように番号1，2をつけるとき，1が1，2が2に移動するためには，図2のように横線が1本必要。この横線は，図3のようにとなり合う2本のたて線を交差させてできる点と考えることもできる。横線はとなり合う2本のたて線を結ぶから，図4のように3本以上のたて線が1つの点で交わってはいけない。1つの点で交わってしまうと，図5のようなあみだくじをかいていることになるからである。

1 きょうへいさんは，上のはしに，左から順に1，2，3，4の番号をつけました。そしてあみだくじの本の内容を参考にして，下のはして，左から順に4，3，2，1となるあみだくじをかこうとしています。横線の本数がいちばん少なくなるようにかくとき，横線の本数は何本ですか。（30点）

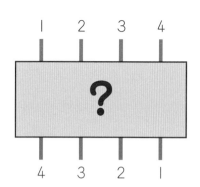

4本のたて線で，図3のような図をかいて考えればいいね。

（　　　　　　　　　）

2 りかさんは，上のはしに，左から順に1，2，3，4，5の番号をつけました。そして，下のはして，左から順に5，4，3，2，1となるあみだくじをかこうとしています。横線の本数がいちばん少なくなるようにかくとき，横線の本数は何本ですか。（30点）

（　　　　　　　　　）

　知っていたら かっこいい！ ── **たて線が○本のときは？**

　たて線が○本のとき，上のはしに，左から順に1，2，……，○と番号をつけるよ。下のはして，左から順に○，○−1，……，1となるあみだくじの横線のいちばん少ない本数は，○を使った式で，○×（○−1）÷2（本）と表すことができるんだって。
　○に4や5をあてはめて，**1** と **2** で求めた答えと同じになることをかくにんしてみよう！

85

学習日　　　　月　　　日　　得点　／100点

1　3月14日は数学の日。算数は，中学生になると「数学」という名前にかわります。ばっちり図書館では，算数や数学を楽しむ教室を開いています。午前は，りえこ先生がくふうして計算する問題をしょうかいしています。

①　先生のヒントを参考にして，次の問題の答えを求めましょう。(20点)

【問題】
　　左の数に3をかけてできる数の列
　　　　1　　　3　　　9　　　27　　　81　　　243
　を考えます。この6この数の和
　　　　1 + 3 + 9 + 27 + 81 + 243
　をくふうして計算しましょう。

<先生のヒント>
　　1 + 3 + 9 + 27 + 81 + 243 を①とおくよ。いま，かける数の「3」に注目して，
　　　①×3(= 1×3 + 3×3 + 9×3 + ……)
　を考えよう。①との差を考えると，和をくふうして計算できるよ。やってみよう！

（　　　　　　　　　　）

②　左の数に5をかけてできる数の列を考えます。1番目の数は1，10番目の数は1953125です。このとき，1番目から10番目までの数の和を計算しましょう。(30点)
　　　1　　　5　　　25　　　……　　　390625　　　1953125

（　　　　　　　　　　）

2 りえこ先生は，くふうして計算する問題をもっとしょうかいしています。こうじさんは，とても楽しそうにちょうせんしています。

① こうじさんは，先生のヒントを参考にして，次の問題の答えを求めることができました。答えはいくつでしょう。(20点)

【問題】
　　3を14こならべてできる数
　　33333333333333
を考えます。この数を37でわったあまりを求めましょう。

＜先生のヒント＞
　　筆算で求めるのはたいへんそうだね。333が37でわりきれることに注目すると，計算をくふうできるよ。やってみよう！

たとえば，3333÷37だったら，3333を3330と3に分けて，あまりを考えることができそうだ！

（　　　　　　　　　　　）

② 1から9までの整数を左から順に3つずつならべてできる数
　　111222333444555666777888999
を考えます。この数が37でわりきれる理由を説明しましょう。(30点)

学習日　　　月　　日

得点　　／100点

1　ばっちり図書館の算数教室は，午後も大人気です。おもしろい算数をいっぱい知っているまさひろ先生は，次の算数ゲームのきまりをしょうかいしています。「このゲームには必勝法があるんだよ。」とみんなに話しました。

【算数ゲームのきまり】

　34このおはじきと，1から9までの数字が1つずつ書かれたカードが全部で9まいあります。順番に当たった人は，この中から好きなカードを1まい選び，カードに書かれた数字の数だけおはじきを取り出します。これをくり返し，おはじきを最後に取り出した人を勝ちとします。ただし，1回選んだカードをもう1回使うことはできません。

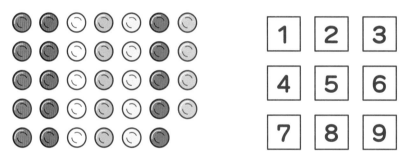

1	2	3
4	5	6
7	8	9

　いま，みえさんとこうきさんが，このゲームで対決します。みえさん，こうきさんの順番でおはじきを取り出していきます。みえさんは必勝法を発見できたので，こうきさんはいつも負けてしまいます。必勝法を説明しましょう。

(50点)

みえさんが最初に選ぶカードを
考えるといいね。

2 まさひろ先生は，必勝法がある算数ゲームをもっとしょうかいしました。

【算数ゲームのきまり】
　「１から99までの整数が１こずつ書かれた紙」が１まいと「１から100までの整数が１こずつ書かれた紙」が１まいあります。まず，どちらの紙を２人で使うかを選びます。そして，順番に当たった人は，残っている好きな数を10こまで選ぶことができ，選んだ数を消します。これをくり返し，数を最後に消した人を勝ちとします。

1	2	3	4	5	6	7	8	9	10
11	12	13	14	15	16	17	18	19	20
21	22	23	24	25	26	27	28	29	30
31	32	33	34	35	36	37	38	39	40
41	42	43	44	45	46	47	48	49	50
51	52	53	54	55	56	57	58	59	60
61	62	63	64	65	66	67	68	69	70
71	72	73	74	75	76	77	78	79	80
81	82	83	84	85	86	87	88	89	90
91	92	93	94	95	96	97	98	99	

　こうきさんは，みえさんに絶対勝ちたいと思っています。みえさん，こうきさんの順番で数を消していき，こうきさんが２人で使う紙を選ぶことができるものとします。こうきさんが勝つための必勝法を説明しましょう。（50点）

学習日		得点	
	月　　日		／100点

　むずかしい文章題にいっぱいちょうせんして，とてもかっこよくなったね。もっとかっこよくなるために，第43回と第44回はまとめの問題にちょうせんするよ。これまでに学習してきたことをばっちりにしよう！

1　（第１回の復習）

　いつも元気なじんさんは，午後６時45分にサッカー教室から帰ってきました。午後６時45分に右の時計の長いはりと短いはりが作る２つの角のうち，小さいほうの角の大きさを計算で求めています。小さいほうの角の大きさは何度ですか。（式10点・答え10点）

　式

　答え　（　　　　　　　　）

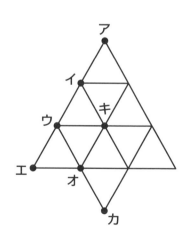

2　（第５回の復習）

　絵をかくことが大好きなゆのさんは，右の形を一筆書きしました。ア〜キのどの点から書き始めましたか。書き始めた点を記号で答えましょう。（30点）

（　　　　　　　　）

90

3 （第 9 回の復習）

　計算チャンピオンのビッツさんの誕生日は 7 月 23 日です。2019 年の誕生日は火曜日です。それでは，2024 年の誕生日は何曜日ですか。（20 点）

（　　　　　　　　　）

4 （第 19 回の復習）

　算数をもっと得意になりたいゆきさんは，ビッツさんが作った計算問題にちょうせんしています。計算のきまりを使って，かっこよく答えを求めましょう。

（1 つ 15 点）

① $1.23 \times 777 + 0.123 \times 1250 + 0.0123 \times 9800$

② $0.3 \times 125 + 0.9 \times 265 + 1.2 \times 20$

しっかり復習して，むずかしい問題がどんどんとけるようになると，かっこいいよ！

学習日

月　　日

得点

／100点

1 （第17回の復習）

　ゾウが大好きなまさるさんは, お父さん, お母さんとアニマル動物園に行きました。入園料は, 大人3人と子ども5人のとき4450円, 大人2人と子ども3人のとき2840円です。子ども1人の入園料は何円ですか。（式10点・答え10点）

式

答え　（　　　　　　　　　　　）

2 （第21回の復習）

　まちゃさんとぴろさんは, 兄弟でサッカーの少年団に入っています。サッカー大会の参加賞でキャンディをたくさんもらったので, 何こかを友だちにあげることにしました。1人5こずつ配ると42こあまったので, 1人7こずつにしたところ, キャンディをぴったり配ることができました。まちゃさんとぴろさんが配ったキャンディは何こですか。（式10点・答え10点）

式

答え　（　　　　　　　　　　　）

3 （第 24 回の復習）

　下の**図１**はコンゴ共和国の国旗です。しゅうへいさんは，**図２**のようにコンゴ共和国の国旗と同じ形をした旗を作ります。緑，黄，赤の３色まで使うことができます。同じ色がとなり合わないようにするとき，何通りの作り方がありますか。ただし，１色も使わないことはありません。（20 点）

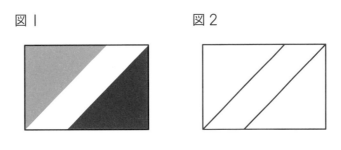

図１　　　　　　　　図２

（　　　　　　　　　　）

4 （第 38 回の復習）

　5g と 6g と 7g の３種類のおもりがたくさんあります。

① りょうたさんは，5g と 6g の２種類のおもりをたし合わせてつくることができない重さを調べています。使わない種類のおもりがあってもよいとき，いちばん重い重さは何 g ですか。（20 点）

（　　　　　　　　　　）

② たかゆきさんは，5g と 6g と 7g の３種類のおもりをたし合わせてつくることができない重さを調べています。使わない種類のおもりがあってもよいとき，いちばん重い重さは何 g ですか。（20 点）

（　　　　　　　　　　）

学習日	得点
月　日	／100点

ついに最終回！　「点字」の問題にちょうせんするよ。点字は，目の不自由な人が点を指でさわって，文字を知るための大切なものなんだ。きみは，ふだんの生活の中で点字を見かけたことはあるかな？　最後の問題では，がんばったきみへぼくから点字でメッセージを送ったよ。がんばって読み取ってね！

1 点字は，6この点をあるきまりで組み合わせて作った文字です。下の図は，いろいろなカタカナを点字で表したものです。

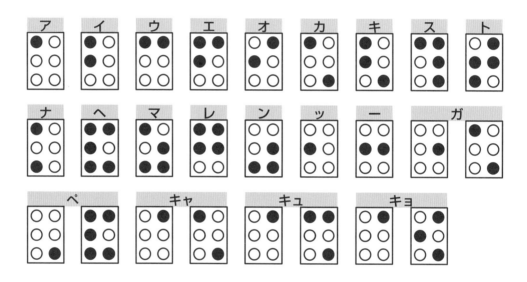

① 次の点字を読み取りましょう。（30点）

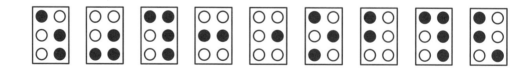

（　　　　　　　　　　　　　）

2 「トテモカッコイイ」の8文字を点字で表しましょう。(30点)

3 イーマルからがんばったきみへ，点字でメッセージがとどいています。がんばって読み取りましょう。(40点)

(　　　　　　　　　　　　　　　　)

_____さん

最後まで一生けん命がんばったね。

算数の力がグングンのびたよ！

より

_____

95

Z会グレードアップ問題集
小学4年　算数　文章題　改訂版

初版　　第1刷発行　　2015年7月1日
改訂版　第1刷発行　　2020年2月10日
改訂版　第8刷発行　　2024年7月1日

編者　　　Z会指導部
発行人　　藤井孝昭
発行所　　Z会
　　　　　〒411-0033　静岡県三島市文教町1-9-11
　　　　　【販売部門：書籍の乱丁・落丁・返品・交換・注文】
　　　　　TEL　055-976-9095
　　　　　【書籍の内容に関するお問い合わせ】
　　　　　https://www.zkai.co.jp/books/contact/
　　　　　【ホームページ】
　　　　　https://www.zkai.co.jp/books/
装丁　　　Concent, Inc.
表紙撮影　髙田健一（studio a-ha）
印刷所　　シナノ書籍印刷株式会社

ISBN　978-4-86290-305-1

かっこいい小学生になろう

Z会
グレードアップ
問題集 改訂版

小学**4**年

算数
文章題

解答・解説

解答・解説の使い方

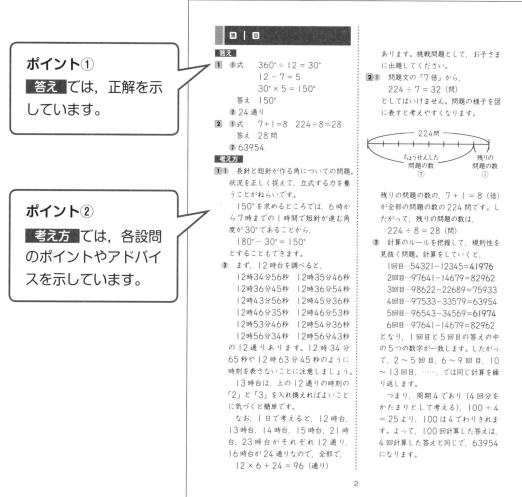

ポイント①

答え では，正解を示しています。

ポイント②

考え方 では，各設問のポイントやアドバイスを示しています。

保護者の方へ

この冊子では，**問題の答え**や，**各単元の学習ポイント**，お子さまをほめたりはげましたりする声かけのアドバイスなどを掲載しています。問題に取り組む際や丸をつける際にお読みいただき，お子さまの取り組みをあたたかくサポートしてあげてください。

本書では，教科書よりも難しい問題を出題しています。お子さまが解けた場合は，いつも以上にほめてあげて，お子さまのやる気をさらにひきだしてあげることが大切です。

答え

1 ①式　　360° ÷ 12 = 30°
　　　　　12 − 7 = 5
　　　　　30° × 5 = 150°
　　　答え　150°
　②24 通り

2 ①式　　7 + 1 = 8　224 ÷ 8 = 28
　　　答え　28 問
　②63954

考え方

1 ①　長針と短針が作る角についての問題。
状況を正しく捉えて，立式する力を養
うことがねらいです。
　　150° を求めるところでは，6 時か
ら 7 時までの 1 時間で短針が進む角
度が 30° であることから，
　　180° − 30° = 150°
とすることもできます。

②　まず，12 時台を調べると，
　　12 時 34 分 56 秒　12 時 35 分 46 秒
　　12 時 36 分 45 秒　12 時 36 分 54 秒
　　12 時 43 分 56 秒　12 時 45 分 36 秒
　　12 時 46 分 35 秒　12 時 46 分 53 秒
　　12 時 53 分 46 秒　12 時 54 分 36 秒
　　12 時 56 分 34 秒　12 時 56 分 43 秒
の 12 通りあります。12 時 34 分
65 秒や 12 時 63 分 45 秒のように
時刻を表さないことに注意しましょう。
　　13 時台は，上の 12 通りの時刻の
「2」と「3」を入れ換えればよいこと
に気づくと簡単です。
　　なお，1 日で考えると，12 時台，
13 時台，14 時台，15 時台，21 時
台，23 時台がそれぞれ 12 通り，
16 時台が 24 通りなので，全部で，
　　12 × 6 + 24 = 96（通り）

あります。挑戦問題として，お子さま
に出題してください。

2 ①　問題文の「7 倍」から，
　　224 ÷ 7 = 32（問）
としてはいけません。問題の様子を図
に表すと考えやすくなります。

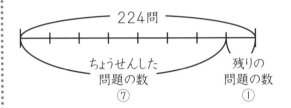

残りの問題の数の，7 + 1 = 8（倍）
が全部の問題の数の 224 問です。し
たがって，残りの問題の数は，
　　224 ÷ 8 = 28（問）

②　計算のルールを把握して，規則性を
見抜く問題。計算をしていくと，
　　1 回目…54321 − 12345 = 41976
　　2 回目…97641 − 14679 = 82962
　　3 回目…98622 − 22689 = 75933
　　4 回目…97533 − 33579 = 63954
　　5 回目…96543 − 34569 = 61974
　　6 回目…97641 − 14679 = 82962
となり，1 回目と 5 回目の答えの中
の 5 つの数字が一致します。したがっ
て，2 〜 5 回目，6 〜 9 回目，10
〜 13 回目，……，では同じ計算を繰
り返します。
　　つまり，周期 4 であり（4 回分を
かたまりとして考える），100 ÷ 4
= 25 より，100 は 4 でわりきれま
す。よって，100 回計算した答えは，
4 回計算した答えと同じで，63954
になります。

答え

1 **①** 式　　6 + 6 + 11 = 23
　　　　　1m31cm − 23cm = 1m8cm

　　答え　1m8cm

　② 式　　3 × 3 + 6 × 2 + 11 = 32
　　　　　4m60cm − 32cm = 4m28cm
　　　　　4m28cm = 428cm
　　　　　428 ÷ 4 = 107
　　　　　107cm = 1m7cm

　　答え　1m7cm

　③ 名前…ビッツさん

　　理由…【例】1 年生から 3 年生ま
　　　　でのまっすぐな線は, 1 年生
　　　　から 2 年生までの身長のの
　　　　び方と, 2 年生から 3 年生
　　　　までの身長ののび方が同じで
　　　　あることを表しているから。

考え方

1 **①**　棒グラフより, 1 年生から 4 年生
　　まで で身長が何 cm 伸びたかを読み取
　　ります。

　②　下のような図をかくと, 考えやすく
　　なります。1 年生のときの身長の 4
　　倍が, 4m28cm であることをつかむ
　　ところがポイントになります。

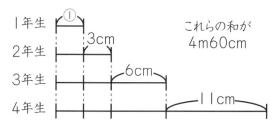

　③　折れ線グラフから, 身長がどのよう
　　に伸びているのかを読み取る問題。数
　　学で学習する "直線の傾き" につなが
　　る内容です。

　　傾きが同じであれば, 身長の伸び方

も同じです。また, 傾きが大きくなれ
ばなるほど, 身長の伸び方も大きくな
ります。

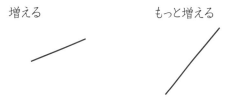

　　理由の説明ですが, 「1 年生から 2
年生までの身長ののび方と, 2 年生か
ら 3 年生までの身長ののび方が同じ」
ことに注目できていれば正解とします。
なお, 実際に 2 人の身長の折れ線グ
ラフをかいて, 問題の折れ線グラフと
比較してもかまいません。

答え

1 ①

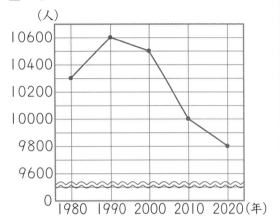

② 【例】１目もりのかんかくが大きく
取れて, 変わり方がわかりや
すくなること。

2 ① 三千七百七十六億（円）

② 二兆五千億（円）

考え方

1 ① 百の位までの概数にするので, 十の
位を四捨五入します。四捨五入して百
の位までの概数にしたときに,
10000 になる整数のうち,
　いちばん小さい数…9950
　いちばん大きい数…10049
を確認しておきましょう。

② 波線のしるしのよさを考える問題。
算数の記号のよさを実感するのがねら
いです。
　波線のしるしがないと, ０から
9600 までの目盛りを書くことにな
り大変です。また, 限られた場所では
１目盛りの間隔が狭くなり（グラフの
傾きが緩やかになり）, 変わり方がわ
かりづらくなってしまいます。場所を
広く取ったとしても, グラフが無駄に
縦に長くなり, 変わり方がわかりづら

くなってしまいます。
　説明ですが, 「目もりをかくのがか
んたんになること」「グラフをかきや
すくなること」などでも正解です。

2 １億より大きい数についての問題。

① まず, 3776m が一万円札 1000
枚の厚さ 10cm の何倍かを考えます。
　　3776m = 377600cm
　　377600 ÷ 10 = 37760
より, 37760 倍です。
　一万円札 1000 枚は 1000 万円だ
から, 求める金額は, 1000 万円の
37760 倍, つまり 3776 億円です。

　　　　　　　　1000／0000
　　→3776／0000／0000
　　　37760 倍

② まず, ４万 km が 16cm の何倍か
を考えます。
　　４万 km = 40 億 cm
　　40 億 ÷ 16 = ２億 5000 万
より, ２億 5000 万倍です。
　したがって, 求める金額は１万円
の２億 5000 万倍, つまり２兆
5000 億円です。

　　　　　　　　１／0000
　　→２／5000／0000／0000
　　　２億 5000 万倍

第 4 回

答え

1 ① 【例】長いほうの辺の長さを半分にして，紙の大きさを半分にするきまり。

② $\dfrac{1}{16}$

③ 式　　$420 \times 594 = 249480$
　　　　$249480 \text{mm}^2 = 2494.8 \text{cm}^2$
　　答え　（およそ）2500cm^2

考え方

1 A判は，ドイツの物理化学者オストワルドが提案した紙の寸法規格です。面積が 1m^2 で，2辺の長さの比が $1 : \sqrt{2}$（白銀比）の長方形をA0と決めました。以下，長いほうの辺の長さを半分にすることで，A1からA10までを定めていきます。

　この長方形は「ルート長方形」と呼ばれ，どこまで半分にしても相似形です。

① A0とA1，A1とA2，……，のように紙の大きさを比較していきます。説明は，「長いほうの辺の長さを半分にするきまり。」「紙の大きさを半分にするきまり。」でも正解です。

　なお，A0からA4までの紙の大きさは，次のように国際規格で決まっています。

紙の大きさ（mm × mm）	
A 0	841×1189
A 1	594×841
A 2	420×594
A 3	297×420
A 4	210×297

　本問では，A0とA1，A1とA2，……，と比べたときに，ぴったり半分になるように，一部の数値を変えました。また，2辺の長さが $1 : \sqrt{2}$ の長方形なので，実際は，縦と横の長さは整数ではなく，表の数値は概数で表されています。

② A0の紙を4回半分にすると，A4の紙ができます。$2 \times 2 \times 2 \times 2 = 16$ より1を16等分するので（A0の紙でA4の紙が16枚できるので），$\dfrac{1}{16}$ です。

③ 新聞紙を半分に閉じると，大きさがA1の半分のA2になることに注意しましょう。なお，日本の新聞紙の多くは，$546 \text{mm} \times 813 \text{mm}$ の大きさで，A1よりやや小さめです。

　そして，
　$1 \text{cm}^2 = 100 \text{mm}^2$
であることは，導き方とともに覚えておくとよいでしょう。

　1cm^2 は1辺が 1cm（$= 10 \text{mm}$）の正方形の面積だから，
　$10 \times 10 = 100$（mm^2）
と導くことができます。

第5回

答え

1 ①ア，ウ，オ

②0　③9　④○　⑤4　⑥9

⑦×　⑧2　⑨4　⑩○　⑪8

⑫8　⑬×　⑭2　⑮4　⑯○

考え方

1 一筆書きの問題。算数の楽しさを実感できる題材の1つといえます。

①は，実際に形をかきながら，一筆書きができるかを考えます。②～⑯は，「一筆書きのひみつ」に書かれた奇数点，偶数点のきまりを理解して答えます。

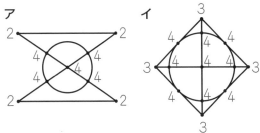

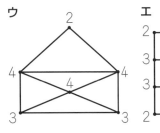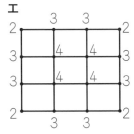

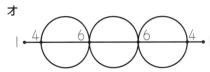

「一筆書きのひみつ」を使うと，どんな形でも，一筆書きができるかどうかを簡単に調べられるところがおもしろいですね。

第6回

答え

1 ①イ，オ

②12通り

③【例】下の図のように，辺**アオ**の上に点**エ**，辺**ウオ**の上に点**カ**をとると，②のときと同じ方法で一筆書きができることを発見しました。

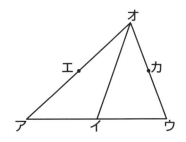

考え方

1 ① 奇数点はイ，オの2つです。奇数点がちょうど2つの形は一筆書きができ，奇数点の一方が書き始める点，もう一方が書き終える点となります。

② イが書き始める点のとき，次の6通りです。

イ→ア→エ→オ→イ→ウ→カ→オ

イ→ア→エ→オ→カ→ウ→イ→オ

イ→ウ→カ→オ→イ→ア→エ→オ

イ→ウ→カ→オ→エ→ア→イ→オ

イ→オ→エ→ア→イ→ウ→カ→オ

イ→オ→カ→ウ→イ→ア→エ→オ

オが書き始める点のときも，同様に6通りあります。

③ ヒントとして，①と②で考えた形と同じ点の記号「**ア，イ，ウ，オ**」を問題の図にかいています。点**エ**と点**カ**を設定すると，説明がしやすくなります。

答え

1　❶ 117通り
　　　❷ 30通り

考え方

1　最短経路を数え上げる問題。

❶　お母さんの説明より,「ある交差点
に行く行き方が, その1つ前の交差
点に行く行き方の和になる」ことがわ
かります。絵地図を使って, 次の図の
ように数え上げていきます。

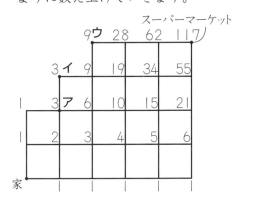

　　このとき, 上の図の交差点**イ**に, 交
差点**ア**と同じ「3」を書くところが少
し難しいです。家から交差点**ア**までの
行き方は3通りで, 交差点**ア**から交
差点**イ**までは上に進む行き方しかない
ので, そのまま「3」を書けばよいの
です。この「3」は, 家から交差点**イ**
までの行き方が3通りであることを
表します。交差点**ウ**の「9」も同じよ
うに考えます。

❷　ガソリンスタンドを通るので, 下の
図のような道で数え上げます。

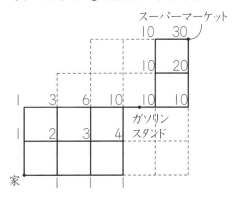

　　なお, 次のように, かけ算を使って
求めることもできます。

　　家からガソリンスタンドまでの行き
方は10通り, ガソリンスタンドから
スーパーマーケットまでの行き方は3
通りです。

　　家からガソリンスタンドまでのそれ
ぞれの行き方について, ガソリンスタ
ンドからスーパーマーケットまでの行
き方は3通りあります。したがって,
家からスーパーマーケットまでの行き
方は, 全部で,

　　3 × 10 = 30 (通り)

と求めることができます。

　　1つの問題をいろいろな考え方で解
けるようになることはとても素晴ら
しいです。ぜひ, お子さまと一緒に挑戦
して,「2通りの方法で答えられるよ
うになるとかっこいいね!」と褒めて
あげてください。

答え

1 ①式　40 + 30 + 20 = 90

　　答え　90kg

　②式　30 × 480 = 14400

　　　　14400g = 14.4kg

　　　　30 − 14.4 = 15.6

　　　　15.6kg = 15600g

　　　　15600 ÷ 65 = 240

　　答え　240 本

2 ①式　24 × 3 = 72

　　　　72 ÷ 4 = 18

　　　　18 ÷ 4 = 4 あまり 2

　　　　4 + 2 = 6

　　　　6 ÷ 4 = 1 あまり 2

　　　　72 + 18 + 4 + 1 = 95

　　答え　95 本

　②　5928 円

考え方

　第 8 回の場面は「リサイクル」。本書では，算数を使って，社会的な事象を分析できるようになることも目標にしています。

1 ①　1 本の棒グラフに，空き缶，ペットボトル，プラスチックの 3 種類の情報が含まれていること，1 目盛りが 10kg を表すことに注意して，ペットボトルの重さを適切に読み取ります。

　②　2 月に集まったペットボトルの重さは 30kg です。まず，その中に 2L のペットボトルが何 kg あるかを求めます。このとき，500mL のペットボトルは，

　　30 × 480 = 14400

　　14400g = 14.4kg

より，14.4kg あります。

2 ①　全部で，24 × 3 = 72（本）のジュースを買いました。72 本の空きビンで，

　　72 ÷ 4 = 18

より，18 本のジュースがもらえます。

　　そして，18 本の空きビンで，

　　18 ÷ 4 = 4 あまり 2

より，4 本のジュースがもらえて，2 本の空きビンがあまります。さらに，

　4 + 2 = 6（本）の空きビンで，

　　6 ÷ 4 = 1 あまり 2

より，1 本のジュースがもらえます。ジュースを飲んでも，空きビンは 3 本なので，これ以上ジュースはもらえません。

　　したがって，ジュースは，

　　72 + 18 + 4 + 1 = 95（本）

まで飲むことができます。

　②　①より，72 本のジュースを買うと，95 本のジュースを飲むことができ，空きビンが 3 本あまります。100 本まであと 5 本なので，ジュースを買いたしながら考えるとよいでしょう。

　　ジュースをもう 1 本買うと，空きビン 4 本で，1 本のジュースがもらえます。ジュースをさらに 3 本買うと，

　　95 + 1 + 1 + 3 = 100（本）

より，100 本のジュースを飲めます（空きビンが 4 本になるので，101 本飲めます）。このとき，ジュースを 3 本でなく，2 本買ったとすると，空きビンが 3 本なので，99 本しか飲めません。

　　だから，買ったジュースの本数は，

　　72 + 1 + 3 = 76（本）

で，求める代金は，

　　78 × 76 = 5928（円）

答え

1 　式　　$31 + 30 + 23 = 84$
　　　　　　$84 \div 7 = 12$
　　答え　木曜日

2 　❶ ×，○，×，○
　　❷ ① 100　② 4　③ 1　④ 97

考え方

1 　日暦算の考え方は，『グレードアップ
　問題集 3 年文章題』の第 15 回，第 16
　回で学習しています。
　　7 月 23 日を 5 月●日の形で表すと，
　5 月の曜日とあまりの関係が使えます。
　7 月 23 日を 5 月 84 日と考えます。
　　84 は 7 でわりきれるので，7 月 23
　日は 5 月 7 日と同じ曜日で，木曜日です。

2 ❶　$2015 \div 4 = 503$ あまり 3　より，
　2015 年はうるう年ではありません。
　　$2020 \div 4 = 505$，$2020 \div$
　$100 = 20$ あまり 20　より，2020 年
　はうるう年です。
　　$2100 \div 4 = 525$，$2100 \div$
　$100 = 21$，$2100 \div 400 = 5$ あ
　まり 100　より，2100 年はうるう
　年ではありません。
　　$2400 \div 4 = 600$，$2400 \div$
　$100 = 24$，$2400 \div 400 = 6$ より，
　2400 年はうるう年です。

❷　うるう年の回数は，
　（4 でわりきれる年の数）
　－（100 でわりきれる年の数）
　＋（400 でわりきれる年の数）
　で求めることができます。
　①　$400 \div 4 = 100$
　②　$400 \div 100 = 4$
　③　$400 \div 400 = 1$
　④　$100 - 4 + 1 = 97$

答え

1 　❶ 1 月と 10 月
　　❷ 1 月と 7 月

2 　① 25　② 5　③ 100　④ 20

考え方

1 　第 9 回 1 の応用問題。日暦算を使うと，
　月の日数が同じで，曜日まで同じ月が 2
　つあることがわかります。

❶　問題にある表を埋めて，各月の 1
　日が 1 月●日かを調べます。この日
　にちを 7 でわったあまりが同じ 2 つ
　の月は，曜日も同じです。あとは，月
　の日数が同じかを確認すれば，答えが
　求められます。平年の 2 月の日数が
　28 日であることに注意すると，下の
　表のようになります。よって，1 月と
　10 月です。

月	何日目	あまり	日数
1	1	1	31
2	32	4	28
3	60	4	31
4	91	0	30
5	121	2	31
6	152	5	30
7	182	0	31
8	213	3	31
9	244	6	30
10	274	1	31
11	305	4	30
12	335	6	31

② うるう年の2月の日数が29日であることに注意すると、下の表のようになります。よって、1月と7月です。

月	何日目	あまり	日数
1	1	1	31
2	32	4	29
3	61	5	31
4	92	1	30
5	122	3	31
6	153	6	30
7	183	1	31
8	214	4	31
9	245	0	30
10	275	2	31
11	306	5	30
12	336	0	31

2 誕生日を当てる算数マジックです。マジックの種が、計算のきまりと○や△を使った式で解明できるところに驚きがあります。『グレードアップ問題集3年文章題』の第40回でも、類題を紹介しています。

生まれた日の△を25倍した数に5をたした答えは、

$$△ × 25 + 5$$

これを4倍した数は、

$$(△×25+5)×4=△×25×4+5×4$$
$$=△×100+20$$

ここに生まれた月の○をたして、20をひいた数は、

$$△ × 100 + 20 + ○ - 20$$
$$=△ × 100 + ○$$

問題の図の矢印は、△と○を入れ換えるということだから、入れ換えた数は、
○×100＋△になります。

答え

1 ①① 4　② 2　③ 38

② 【例】
スペア…次の1投でたおしたピンの数が特別な得点となるきまり。

ストライク…次の2投でたおしたピンの数の合計が特別な得点となるきまり。

考え方

1 ① ピン1本の得点は1点です。

① 16 +□+ 2 = 22　　□= 4
② 22 + 7 +□= 31　　□= 2
③ 31 + 1 + 6 = 38

② 表から、得点のきまりを見抜いて、説明する問題。次のように1フレーム目の特別な得点について考えると、「答え」のように説明できます。

【スペアを出したとき】

問題の左上の得点表の特別な得点は4点。この「4」は、2フレーム目の1投目に倒したピンの数と同じです。

右上の得点表の、1フレーム目の特別な得点は10点。この「10」は、2フレーム目の1投目に倒したピンの数と同じです。

【ストライクを出したとき】

左下の得点表の特別な得点は9点。この「9」は、2フレーム目の1投目と2投目に倒したピンの数の合計と同じです。

右下の得点表の、1フレーム目の特別な得点は17点。この「17」は、2フレーム目の1投目と3フレーム目の1投目に倒したピンの数の合計と同じです。

10

第12回

答え

1 ① 30　　② 60　　③ 90　　④ 120
　　⑤ 150　　⑥ 180　　⑦ 210　　⑧ 240
　　⑨ 270　　⑩ 300

2 ビッツ…2（位），109（点）
　　しげる…1（位），111（点）
　　ごう　…3（位），108（点）

考え方

1 1フレーム目の特別な得点は，2フレーム目の1投目と3フレーム目の1投目に倒したピンの数の合計20本から，20点とわかります。したがって，1フレーム目の得点は30点。2フレーム目から8フレーム目までの得点も同じように30点です。

そして，9フレーム目の特別な得点は，10フレーム目の1投目と2投目に倒したピンの数の合計20本から，20点とわかります。したがって，9フレーム目の得点は30点。

さらに，10フレーム目は，特別な得点はありません。10フレーム目の得点は，倒したピンの数の合計30本から，30点とわかります。

2 まず，ボウリングの得点を求めます。
【いちばん上の表】左から順に，
　　6，23，30，38，55，62，
　　81，93，100，109
【真ん中の表】左から順に，
　　24，40，46，54，69，74，
　　88，96，104，108
【いちばん下の表】左から順に，
　　9，18，37，49，56，65，
　　82，89，91，111

これより，1位は111点，2位は109点，3位は108点とわかります。

次に，3人の話から順位を求めます。順位の組み合わせは，次の表の6通りがあります。その中で，自分の順位を間違えている人（×印）が1人だけの場合を探します。

ビ	✖	✖	2	2	✖	✖
し	✖	3	1	3	1	✖
ご	✖	✖	✖	1	✖	1

すると，ビッツさんが2位，しげるさんが1位，ごうさんが3位とわかります。

本問のような論理の問題では，表を用いると考えやすくなります。

なお，次のように，間違っている人を仮定して考えることもできます。

ビッツさんが間違っているとすると，ビッツさんは1位か3位です。ごうさんは1位だから，ビッツさんは3位，しげるさんは2位になります。しかし，しげるさんも間違っていることになり，条件をみたしません。

次に，しげるさんが間違っているとすると，しげるさんは2位です。ごうさんは1位なので，ビッツさんは3位になります。しかし，ビッツさんも間違っていることになり，条件をみたしません。

最後に，ごうさんが間違っているとすると，ごうさんは2位か3位です。ビッツさんは2位だから，ごうさんは3位，しげるさんは1位になり，条件をみたします。

したがって，ビッツさんは2位，ごうさんは3位，しげるさんは1位です。

答え

1 ① 【例】下の図のように，2まいの三角定規を組み合わせます。しるしをつけた角度は，

$$45° - 30° = 15°$$

より，15°です。

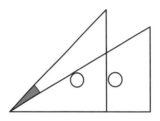

② 【例】下の図のように，2まいの三角定規を組み合わせます。しるしをつけた角度は，

$$180° + 60° = 240°$$

より，240°です。

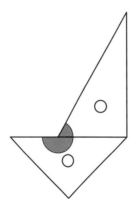

2 式 　$180° - 45° = 135°$
　　　$180° - 135° - 30° = 15°$
　　　$180° - 15° = 165°$

答え　165°

考え方

1 本問は，三角定規を使っていろいろな角度をつくることで，角度への理解を深めることをねらいにしています。

① りきさんの例では和で75°をつくっていますが，本問では差で15°をつくります。

② イワンコのヒントにあるように，平らな部分の180°を利用することができます。また，下の図のように，平らな部分を使わずに，240°をつくることもできます。

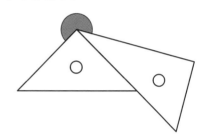

2 「どんな三角形でも，3つの角の大きさの和は180°です。」は5年生で学習する内容です。本問は，知っている知識と新しい知識をうまく融合させて，発見をする問題です。

「答え」の式は，下の図の色をつけた三角形に注目しています。斜線をつけた三角形に注目すると，式は次のようになります。

$$180° - 60° = 120°$$
$$180° - 120° - 45° = 15°$$
$$180° - 15° = 165°$$

答え

1 **1**①26　②27　③18　④19
　2 45°

考え方

1 　高校数学でお馴染みの tangent について，その逆関数 arctangent の性質，

　1　$\arctan\dfrac{1}{2}+\arctan\dfrac{1}{3}=\dfrac{\pi}{4}$

　2　$\arctan\dfrac{1}{4}+\arctan\dfrac{3}{5}=\dfrac{\pi}{4}$

を本問の背景としています。図形センスを鍛える問題として出題しました。

1　分度器を正しく使いましょう。

2　**1**の考え方を応用する問題。角えと角おの大きさの和は，図より**1**のときと同じ 45°になりそうです。そこで，三角定規と同じ形を見つけることを目標にするわけで，下の図のようになります。

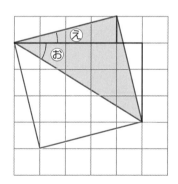

答え

1 　式　　$500-482=18$
　　　　　$576\div18=32$
　　答え　32 人

2 　**1** 4 分
　2【例】

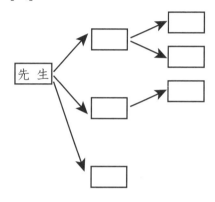

　3 5 分

考え方

1 　1 人あたり何円多く集めたかがわかれば，人数を求めることができます。

2 **1**　下のように図をかきます。

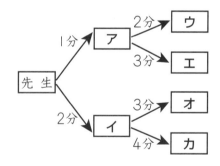

2　上の図の「**イ→カ**」を「**先生→カ**」または「**ウ→カ**」に変えると，3 分で 6 人全員に連絡できます。

3　「知っていたらかっこいい！」の説明のように，誰も休まずに連絡をし続けます。そのような図をかければ，5 分で 31 人全員に連絡できることがわかります。

答え

1　13人

2　①9人

　　②1人

考え方

1　ベン図の説明を理解して，各部分が表す人数を読み取る問題。

　　①おにぎり，ジュースを選んだ人

　　②サンドイッチ，お茶を選んだ人

　　③サンドイッチ，ジュースを選んだ人

　を表しているから，

　　①　12 − 8 = 4（人）

　　②　14 − 8 = 6（人）

　　③　31 − 8 − 4 − 6 = 13（人）

と求めることができます。

2①　ベン図を使うと考えやすくなります。

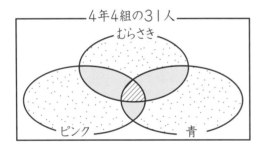

　　上の図の色をつけた部分は，2色だけが好きな人を表すから14人。また，打点部分は，1色だけが好きな人を表すから8人。斜線部分は3色すべてが好きな人を表し，好きな色がない人はいないから，3色すべてが好きな人は，

　　31 − 14 − 8 = 9（人）

2　①と同様にベン図を使います。

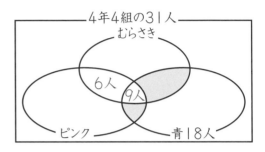

　　上の図の色をつけた部分が表す人数は，

　　14 − 6 = 8（人）

　　したがって，青の1色だけが好きな人は，

　　18 − 8 − 9 = 1（人）

答え

1 ①式　　5×20＝100
　　　　　　10×22＝220
　　　　　　100×8＝800
　　　　　　1770－100－220－800＝650
　　　　　　650÷50＝13
　　答え　13まい
　②ショートケーキ…380円
　　シュークリーム…230円

2 ①5通り　②4

考え方

1② 消去算の問題。ショートケーキ1
個とシュークリーム1個の代金の和は,
2210－1600＝610（円）
より, ショートケーキ2個とシュー
クリーム2個の代金の和は,
610×2＝1220（円）
よって, ショートケーキ1個の値段は,
1600－1220＝380（円）
シュークリーム1個の値段は,
610－380＝230（円）

2① 条件をみたす目の組は,（1, 3）,（2,
2）,（3, 1）,（5, 1）,（6, 2）です。
② 4回目のあと, Nの位置にあります。
いま, ゴールにぴったり止まれずに
戻ったことがないとすると, 5回目の
あとJの位置にあるので, 条件をみた
しません。次に, 8回目だけ戻ったと
すると, 5回目のあとNの位置にある
ので, 条件をみたしません。そこで,
7回目と8回目に戻ったとすると, 5
回目のあとRの位置にあるので, 5
回目に4の目が出たことがわかります。
このとき, スタート→A→E→K→N
→R→W→Y→Y→ゴールと進みます。

答え

1 ①式　　10×3＝30　38－30＝8
　　　　　　8÷2＝4
　　答え　4年後
　②式　　10×2＝20　38－20＝18
　　答え　18年後
　③式　　38－10＝28　28÷4＝7
　　　　　　10－7＝3
　　答え　3年前

考え方

1 年齢算の問題。
① しんたろうさんの図から,「10の
3つ分と□の2つ分の和」が38に
等しいことがわかります。
② 下のような図をかくと,「10の2
つ分と□の和」が38に等しいことが
わかります。

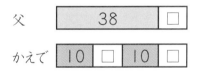

③ かえでさんの□年前の年齢10－□
（オ）を①とおいて, 下のような図を
かきます。

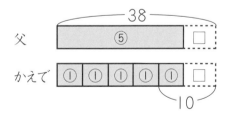

38－10＝28　28÷4＝7
より, ①は7なので, □は,
10－7＝3

15

答え

1. ① 175　② 2230　③ 120
2. 【例】$123+4-5+67-89$
   $123-45-67+89$
   $123-4-5-6-7+8-9$
   $12+3+4+5-6-7+89$

考え方

1　計算の工夫がテーマの問題。計算を工夫できる処理力は，中学入試だけでなく，高校入試や大学入試においても，合否を左右する大切な力といえます。

①　$1.75×47+1.75×31+1.75×22$
$=1.75×(47+31+22)$
$=1.75×100=175$

②　$2.23×10=22.3, 0.223×100=22.3$
より，
$22.3×68+2.23×130+0.223×1900$
$=22.3×68+22.3×13+22.3×19$
$=22.3×(68+13+19)$
$=22.3×100=2230$

③　$2.4÷2=1.2, 3.6÷3=1.2$より，
$1.2×22+2.4×18+3.6×14$
$=1.2×22+1.2×36+1.2×42$
$=1.2×(22+36+42)$
$=1.2×100=120$

2　小町算の問題。「＋」や「－」の位置を変えて，100に近づけます。100をつくる式は，あと6通りあります。
$12+3-4+5+67+8+9$
$12-3-4+5-6+7+89$
$1+23-4+56+7+8+9$
$1+23-4+5+6+78-9$
$1+2+34-5+67-8+9$
$1+2+3-4+5+6+78+9$

答え

1. ① 【例】$2…7÷7+7÷7$
   $4…77÷7-7, 6…(7×7-7)÷7$
   $8…(7×7+7)÷7, 10…(77-7)÷7$
   ② 7
2. $96+\dfrac{1428}{357}, 96+\dfrac{1752}{438}, 96+\dfrac{2148}{537}$

考え方

1　①　8をつくる式は，$(7+7×7)÷7$も正解です。なお，$(7÷7)+(7÷7)$のような式も正解としますが，括弧が要らないことを指導してください。

②　7以外は，次のようにつくれます。
$11÷11-1=0, 1+1+1-1-1=1,$
$11÷11+1=2, 1+1+1+1-1=3,$
$(1+1+1+1)÷1=4,$
$1+1+1+1+1=5,$
$(1+1+1)×(1+1)=6,$
$11-1-1-1=8, 11-1÷1-1=9$
$11+1-1-1=10$

2　1, 2, 3, 4, 5, 7, 8を使って，（分子）÷（分母）＝4にします。分子は4桁，分母は3桁とわかり，分母がいちばん大きいときが875で，$875×4=3500$より，分子の千の位は1, 2, 3のいずれかです。また，1, 2, 3, 4, 5, 7, 8と4の積の一の位より，分母の一の位は，1, 2, 3, 7, 8のいずれかです。このように絞ると，考えやすくなります。

残りの7通りは，以下のとおりです。

$81+\dfrac{5643}{297}, 81+\dfrac{7524}{396}, 82+\dfrac{3546}{197},$

$91+\dfrac{5742}{638}, 91+\dfrac{5823}{647}, 91+\dfrac{7524}{836},$

$94+\dfrac{1578}{263}$

16

答え

1 ❶式　　9−6=3　28+26=54
　　　　　54÷3=18

　　答え　18人

　❷式　　18×6=108
　　　　　108+28=136

　　答え　136まい

2 式　　3−2=1　6.4+6.6=13
　　　　13÷1=13　13×2=26
　　　　26+6.4=32.4

　　答え　32.4L

考え方

　第21回，第22回は，面積図がテーマです。問題文から面積図の利用の仕方を理解することがポイント。第21回は過不足算を扱います。

1 ❶　問題の図の「色のついた長方形」と「斜線のついた長方形」を組み合わせた長方形に注目します。この長方形は，縦が子どもの人数，横が，9−6=3，面積が，28+26=54です。

　❷　色のついていない長方形の面積は，18×6=108。よって，太線の長方形の面積は，108+28=136です。

2　下のような面積図をかいて考えます。立式に至る考え方は1と同じです。太線の長方形の面積が，求める牛乳のかさを表します。

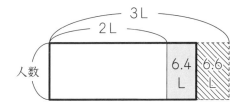

答え

1 式　　4×100=400　400−324=76
　　　　4−2=2　76÷2=38
　　　　100−38=62

　　答え　つる…38羽，かめ…62ひき

2 式　　80×500=40000
　　　　40000−33340=6660
　　　　80−50=30　6660÷30=222

　　答え　222本

考え方

　第22回は鶴亀算を扱います。すべてを鶴または亀として，面積図を使わずに計算する方法は，『グレードアップ問題集3年文章題』の第43回で学習しています。

1　問題の図のいちばん大きい長方形は，縦が4，横が100なので，面積は，4×100=400。よって，「?」のしるしをつけた長方形の面積は，400−324=76

　この長方形は，縦が，4−2=2，横が鶴の数だから，鶴は，76÷2=38（羽），亀は，100−38=62（匹）と求めることができます。

2　下のような面積図をかいて考えます。立式に至る考え方は1と同じです。「?」のしるしをつけた長方形の横の長さが，求める50円のえんぴつの本数を表します。

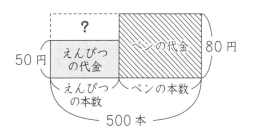

答え

1 **1** 式　　6 × 6 = 36　7 × 6 = 42
　　　　　　36 + 42 × 4 = 204

　　　答え　204cm²

2 式　　7 × 4 + 6 = 34
　　　　　　6 × 34 = 204

　　　答え　204cm²

3 式　　7×2+6=20　20×20=400
　　　　　　7×7=49　49×4=196
　　　　　　400 − 196 = 204

　　　答え　204cm²

2 【例】

1 式　　6×2=12　6+15=21
　　　　　　12 × 21 = 252

　　　答え　252cm²

2 式　　6 × 2 + 15 × 2 = 42
　　　　　　6 × 42 = 252

　　　答え　252cm²

考え方

　第23回は，面積をいろいろな方法で求めることができるようになるのがねらいです。楽しく学習できるように，国旗を題材にしました。なお，国旗の形には様々なものがあります。

1 えりさんの説明から，下のような図をかいて考えることがポイントです。

1

2

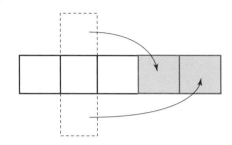

3

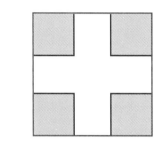

2 「答え」の**1**と**2**は，1つの長方形に変えて求めています。**1**は縦12cm，横21cmの長方形，**2**は縦6cm，横42cmの長方形です。

　他には，2つの正方形と2つの長方形に分けて求めることもできます。式は次のようになります。

　　　6 × 6 = 36　6 × 15 = 90
　　　(36 + 90) × 2 = 252

　さらに，大きい長方形から，白い部分を除いて求めることもできます。白い部分を1つの長方形に変えると，式は次のようになります。

　　　6×3+2+15=35　2×35=70
　　　6×2+2=14　6+2+15=23
　　　14 × 23 − 70 = 252

　面積の問題は，図形の見方により計算量が大きく変わることがあります。普段の学習から「もっとよい方法がないか？」と考える習慣をつけたいですね。

答え

① ①① 2　②3　③6
　② 60 通り
　③ 125 通り

考え方

① 旗の塗り分けを題材にした場合の数の問題。数えもれや重複に注意して数え上げることが大切です。

② 5色から3色を選ぶ組み合わせは,
（白, 青, 赤）（白, 青, 緑）
（白, 青, 黄）（白, 赤, 緑）
（白, 赤, 黄）（白, 緑, 黄）
（青, 赤, 緑）（青, 赤, 黄）
（青, 緑, 黄）（赤, 緑, 黄）
の10通りです。それぞれに対して, 旗の作り方は, ① より6通りあります。よって, 全部で,
$6 \times 10 = 60$ （通り）

③ 1色のとき, 5通りです。
　2色のとき, 5色から2色を選ぶ組み合わせは,
（白, 青）（白, 赤）（白, 緑）
（白, 黄）（青, 赤）（青, 緑）
（青, 黄）（赤, 緑）（赤, 黄）
（緑, 黄）
の10通りです。
　いま,（白, 青）とします。① の図の**ア**が白のときの作り方は3通りで, 青のときの作り方も3通りより,（白, 青）の場合は6通りです。その他の場合も6通りなので, 全部で,
$6 \times 10 = 60$ （通り）
　3色のとき, ② より60通りです。
よって, 全部で,
$5 + 60 + 60 = 125$ （通り）

答え

① ①① 1億5000万 $\div$ 300 = 50万
　②50万
　②③360万
　③④ $60 \times 60 \times 24 \times 365 = 31536000$
　30万 $\times$ 31536000 = 9兆4608億
　⑤9兆5000億
　④式　9兆5000億 $\div$ 1億5000万
　　　　= 63333.3……
　　答え　（およそ）63000天文単位

考え方

① 5年生で学習する「単位量あたり」や「速さ」につながる内容です。「光年」「天文単位」を知ることで, 単位への興味・関心を高めたり, 大きい数の計算や単位換算を正確に行う力を育んだりすることもねらいです。

② 新幹線は1時間（60分）で300km進むので, 1分間に進む距離は,
$300 \div 60 = 5$ （km）
光は1秒間で30万km進むので, 1分間（60秒）に進む距離は,
$30万 \times 60 = 1800万$ （km）
よって, 光の速さは新幹線の速さの,
$1800万 \div 5 = 360万$ （倍）

③ 60秒=1分, 60分=1時間, 24時間=1日, 365日=1年だから, 1年は,
$60 \times 60 \times 24 \times 365 = 31536000$ (秒)
光は1秒間で30万km進むので, 1年間に進む距離は,
$30万 \times 31536000 = 9兆4608億$ (km)

④ 1天文単位を1億5000万km, 1光年を9兆5000億km として計算します。

第26回

答え

1. ① 10億B ② 14B
   ③ 式　700 ÷ 3 = 233 あまり 1
      答え　233 まい
   ④ **エ, オ**

考え方

1 ① 1GB＝1000MB, 1MB＝1000kB, 1kB＝1000Bより, 1GBは,
   1000×1000×1000＝10億（B）

② 1Bの数字とアルファベットが4文字, 2Bの漢字とひらがなが5文字あるので,
   1×4＋2×5＝14（B）

③ 700 ÷ 3 = 233 あまり 1　より, 233枚の写真を保存すると1MBあまります。この1MBでは写真を保存できないので, 答えは233枚です。
   なお, 式は,
   700 ÷ 3 = 233.3……
としても正解です。

④ 1時間10分＝70分より, お父さんが撮影する動画のデータの大きさは,
   112 × 70 = 7840（MB）
   1000MB＝1GBだから,
   7840MB＝7.84GB
   よって, 7.84GBのデータを保存できるSDカードを選べばよく, 8GBの**エ**と16GBの**オ**とわかります。

ちなみに,「k（キロ）」「M（メガ）」「G（ギガ）」は国際単位系における接頭辞で, それぞれ基礎となる単位（本問では「B（バイト）」）の「1000倍」「100万倍」「10億倍」の量を表します。この単位の仕組みを, ぜひお子さまに教えてあげてください。

第27回

答え

1. ① 式　131 ÷ 2 = 65 あまり 1
         65 + 1 = 66
      答え　66人
   ② 午後2時1分
   ③ 1位…4年2組, 2位…4年4組
      3位…4年1組, 4位…4年3組
   ④ 式　2m＝200cm　200−48＝152
         152 ÷ 8 = 19
      答え　19cm

考え方

1 ① 投票の問題。サッカーに必ず決まるためには, 4年生の人数の半分より多くの人がサッカーを選ばなくてはいけません。なぜなら, サッカー以外を選んだ人が, 他の3種目から1種目だけを選んだ場合でも, サッカーの人数がいちばん多くならなければいけないからです。よって, 2種目から1種目を選ぶと考えます。

② リーグ戦の問題では, 次のような対戦表をかくと考えやすくなります。たとえば, ①は1組と2組の対戦を表しています。

	1組	2組	3組	4組
1組		①	②	③
2組	①		④	⑤
3組	②	④		⑥
4組	③	⑤	⑥	

そして, リーグ戦をいちばん早く終えるように進めるので, どの組も同じ時間帯に試合をしたり, 休憩をとったりします。よって,

①⑥→休憩→②⑤→休憩→③④
15分　8分　15分　8分　15分

のように進めていくので, リーグ戦を

終えるまでにかかる時間は,

$15 \times 3 + 8 \times 2 = 61$（分）

③ まず, まりおさんとたかのぶさんの話から, 1組は3組に勝ち, 2組と4組に負けたことがわかります。めろんさんの話も合わせて対戦表をかくと, 次のようになります。

	1組	2組	3組	4組
1組		×	○	×
2組	○			
3組	×			×
4組	○		○	

そして, えるさんの話から, 4組が2組に負けたことがわかり, さらに, 2組が3組に負けたこともわかります。

	1組	2組	3組	4組
1組		×	○	×
2組	○		×	○
3組	×	○		×
4組	○	×	○	

2組と4組は2勝1敗, 1組と3組は1勝2敗とわかり, 2組は4組に, 1組は3組に勝ったことから順位が決まります。

④ 展開図をかいて考えます。結び目を除いたリボンの長さは, 立方体の1辺の長さの8倍とわかります。立体に紐やリボンを巻きつける問題では, 展開図をかいて考えることが大切です。

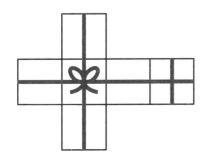

答え

1 ①

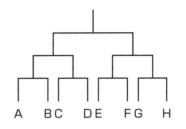

（チーム名の組み合わせは例です。）

② 4チーム

③ 式　　$2 \times 2 \times 2 \times 2 \times 2 = 32$
　　　　$2 \times 2 \times 2 \times 2 \times 2 \times 2 = 64$
　　　　$64 - 47 = 17$

答え　17チーム

考え方

1 ① どのチームも優勝するために必要な試合数は3試合です。

② チーム数が少ないので, 実際にトーナメント表をかいて考えましょう。

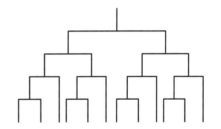

③ チーム数が多いので, 計算で求めます。不戦勝がないとき,

決勝：2チーム

準決勝：$2 \times 2 = 4$（チーム）

準々決勝：$2 \times 2 \times 2 = 8$（チーム）

で行います。このように, チーム数が2倍になっていくことに注目します。

　　$2 \times 2 \times 2 \times 2 \times 2 = 32$

　　$2 \times 2 \times 2 \times 2 \times 2 \times 2 = 64$

より, $64 - 47 = 17$（チーム）足りないので, 1回戦で17チームが不戦勝となります。

答え

1 ①

② $\dfrac{1}{20}$　③① $\dfrac{4}{5}$　② $\dfrac{9}{10}$　④ $\dfrac{12}{13}$

考え方

1 部分分数分解がテーマの問題。

① 5年生で学習する「異分母分数のたし算・ひき算」（通分）につながる内容。

$\dfrac{1}{2}$ は1を2等分した1つ分で、$6 \div 2 = 3$

より、色を3目盛り分塗ります。

② 答えの分数の分母が、2つの分数の分母の積になることを見抜きます。

③ ①は、①、②より、

（与式）

$=\left(1-\dfrac{1}{2}\right)+\left(\dfrac{1}{2}-\dfrac{1}{3}\right)+\left(\dfrac{1}{3}-\dfrac{1}{4}\right)+\left(\dfrac{1}{4}-\dfrac{1}{5}\right)$

$=1-\dfrac{1}{5}=\dfrac{4}{5}$

②も、$30 = 5 \times 6$、$42 = 6 \times 7$、$56 = 7 \times 8$、$72 = 8 \times 9$、$90 = 9 \times 10$ より、①と同じように計算できます。

（与式）$=1-\dfrac{1}{10}=\dfrac{9}{10}$

④ $\dfrac{2}{3}=\dfrac{2}{1\times(1+2)}=\dfrac{1}{1}-\dfrac{1}{1+2}=1-\dfrac{1}{3}$

$\dfrac{4}{21}=\dfrac{4}{3\times(3+4)}=\dfrac{1}{3}-\dfrac{1}{3+4}=\dfrac{1}{3}-\dfrac{1}{7}$

$\dfrac{6}{91}=\dfrac{6}{7\times(7+6)}=\dfrac{1}{7}-\dfrac{1}{7+6}=\dfrac{1}{7}-\dfrac{1}{13}$

答え

1 $\dfrac{9267}{18534}$,　$\dfrac{9273}{18546}$,　$\dfrac{9327}{18654}$

2 式　$2400 \div 4 = 600$　$600 + 50 = 650$

答え　650円

考え方

1 （分子）$\times 2 =$（分母）となります。分子の千の位が9なので、分母の一万の位は1、千の位は8または9です。ただし、9は分子に使っているので、分母の千の位は8。よって、求める分数は、

$\dfrac{9\,\triangle\square\bigstar}{18\,\blacktriangle\blacksquare\bigstar}$ となり、2～7の数字を1回

ずつ使って、$\triangle\square\bigstar \times 2 = \blacktriangle\blacksquare\bigstar$ とします。あとは、$\triangle$ には2，3，$\bigstar$ には2，4，6しか入らないことに注目すると、答えを求めやすくなります。

なお、$\dfrac{1}{2}$ と等しい分数はあと8個あり、次のとおりです。

$\dfrac{6792}{13584}$,　$\dfrac{6927}{13854}$,　$\dfrac{7269}{14538}$,　$\dfrac{7293}{14586}$,

$\dfrac{7329}{14658}$,　$\dfrac{7692}{15384}$,　$\dfrac{7923}{15846}$,　$\dfrac{7932}{15864}$

2 今日のピザ1枚の値段は、$2800 - 400 = 2400$（円）です。$\dfrac{1}{2}$ の大きさのピザの値段は、普通に考えると、$2400 \div 2 = 1200$（円）ですが、実際は50円高くなっています。$\dfrac{1}{3}$, $\dfrac{1}{6}$, $\dfrac{1}{8}$ の大きさのピザの値段も同じきまりです。このきまりに従って、$\dfrac{1}{4}$ の大きさのピザの値段を求めます。

答え

1 ①7通り ②607通り

2 ①3通り ②81通り

考え方

第31回は，まず小さい数で実験し，その考え方を大きい数に応用（一般化）していく力を育みます。中学以降の数学で，大切な力の1つといえます。

1 ① 問題の例のように，7通りの式を書いてもよいです。工夫する場合のポイントは，まず12を2だけの和で表すことです。このとき，$12 \div 2 = 6$より，2は6個必要です。左から順に「2」を「1＋1」に変えていけばよく，7通りの表し方があることがわかります。

$$2+2+2+2+2+2$$
$$=1+1+2+2+2+2+2$$
$$=1+1+1+1+2+2+2+2$$

（以下同様）

② ①の工夫を用います。$1212 \div 2 = 606$より，607通りの表し方があることがわかります。

2 ① 「5が7枚」「3が5枚，5が4枚」「3が10枚，5が1枚」の3通りです。

② ①の答えから「3が5枚」を「5が3枚」に変えていけばよいことがわかります。そこで，$1212 \div 3 = 404$より，まず1212を404個の3だけの和で表します。そして，左から順に「3が5枚」を「5が3枚」に変えていきます。$404 \div 5 = 80$あまり4　より，81通りの表し方があることがわかります。

本問は，高校数学で有名な整数問題「不定方程式」が背景にあります。

答え

1 ①①243 ②59049
   ③3486784401 ④43
  ②$7^{20}$の下3けたの数…001
   7^{123}の下3けたの数…343

考え方

第32回は，中学数学で学習する「累乗」についての問題。中学受験でもよく題材になります。計算のきまりの理解を深めるために出題しました。

1 ①② 計算のきまりを使うと，3^{10}を$3^5 \times 3^5$の計算で求められます。

$$3^{10} = 3^5 \times 3^5 = 243 \times 243 = 59049$$

③ $3^{20} = 3^{10} \times 3^{10} = 59049 \times 59049$
   $= 3486784401$

④ 3^{45}の下2桁の数ですが，②や③と同様に，
$$3^{45} = 3^{20} \times 3^{20} \times 3^5$$
を計算するのは，数が大きくなりすぎるので困難です（3^{45}は22桁の整数）。そこで，お姉さんの説明のように，下2桁の数だけを計算するのがポイント。3^{20}の下2桁の数が「01」，3^5の下2桁の数が「43」より，3^{45}の下2桁の数は，$1 \times 1 \times 43 = 43$の下2桁の数「43」です。

② ①の応用問題。下3桁の数だけに注目すればよいことを見抜けるかがカギ。
$7^{20} = 7^{10} \times 7^{10}$より，$7^{20}$の下3桁の数は，$7^{10}$の下3桁の数「249」どうしの積「62001」の下3桁の数「001」です。

$7^{123} = 7^{20} \times 7^{20} \times 7^{20} \times 7^{20} \times 7^{20} \times 7^{20} \times 7^3$と$7^3 = 343$より，$7^{123}$の下3桁の数は，$1 \times 1 \times 1 \times 1 \times 1 \times 1 \times 343 = 343$の下3桁の数「343」です。

答え

1. ① 18cm^2
   ② 求め方…【例】三角形**アウエ**の面積
      と三角形**アウカ**の面積は同
      じだから，長方形**アウカオ**
      の面積は，三角形**アウエ**の
      面積の２倍です。これは
      長方形**アイウエ**の面積と同
      じだから，
      $$5 × 10 = 50 （cm^2）$$
      面積　…50cm^2

考え方

　第33回のテーマは等積変形。５年生の
算数で扱う内容ですが，本書では，説明を
読んで理解する読解力，さらに活用する思
考力を鍛えるために出題しました。

① 　色をつけた形の面積は，12個のま
す目でできる長方形の面積と同じです。

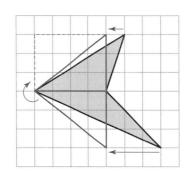

② 　求め方は，「三角形**アウエ**の面積と
三角形**アウカ**の面積が同じ」「長方形
アウカオの面積が，三角形**アウエ**の面
積の２倍」「長方形**アウカオ**の面積と
長方形**アイウエ**の面積が同じ」の３
点に注目して説明できていれば正解で
す。

答え

1. 太い線で囲んだ四角形
   （の面積のほうが）8（cm^{2}大きい。）
2. ★１つ目…【例】縦と横の長さをも
      のさしではかって，
      面積を計算する。
   ★２つ目…【例】てんびんで重さを
      くらべる。

考え方

1. 　第33回の等積変形の応用問題。下の
図の点線のように補助線を引いて，色を
つけた三角形を３つの三角形に分ける
のがポイント。そして，三角形①と三角
形②を矢印のように等積変形します。

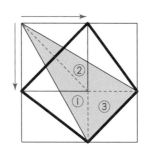

　すると，面積のちがいは，１辺が
4cmの正方形の面積の半分だとわかり
ます。

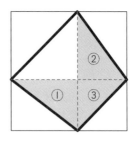

2. 　方法は，「ます目にうつしとり，ます
目の数をくらべる。」でも正解です。知っ
ている知識を活用して，問題解決する力
を育むのが本問のねらいです。

答え

1 ①

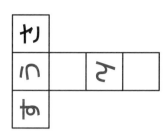

②

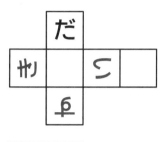

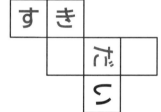

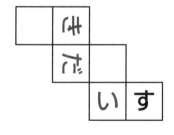

考え方

1 ① ん の入れ方がポイント。立方体を
組み立てたときに、さ の面の右側の
辺を共有する面を探します。このとき、
1つの頂点を共有する面は3つある
ことに注意して、右上の図のように頂
点に●や▲のしるしをつけて考えると

よいでしょう。

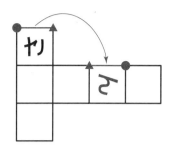

2 ① と考え方は同じで、たとえば次の
ようになります。

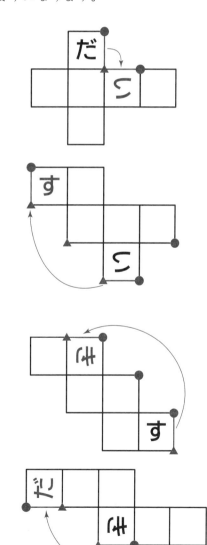

答え

1　①20こ　②9こ

③

下段（1段目）

後ろ

左　　　　　　　　右

前

中段（2段目）

後ろ

左　　　　　　　　右

前

上段（3段目）

後ろ

左　　　　　　　　右

前

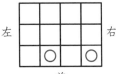

考え方

1　頭の中だけで立体をイメージするのが難しいときは，問題のような図をかいて考えていくことが大切です。一度に3段の様子を捉えるのは大変なので，下段，中段，上段に分けてアプローチしていくと考えやすくなるでしょう。

①　立方体の数がいちばん多いとき，下の図のようになります。

下段（1段目）

後ろ

左　　　　　　　　右

前

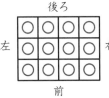

中段（2段目）

後ろ

左　　　　　　　　右

前

上段（3段目）

後ろ

左　　　　　　　　右

前

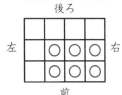

②　立方体の数がいちばん少ないとき，右上の図のようになります。

下段（1段目）

後ろ

左　　　　　　　　右

前

中段（2段目）

後ろ

左　　　　　　　　右

前

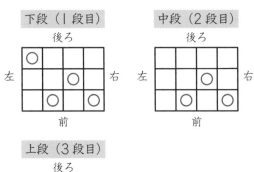

上段（3段目）

後ろ

左　　　　　　　　右

前

③　まず，下段には，問題の上から見た図と同じ7か所に立方体があるので，図1のようになります。

そして，上段には，①と②の上段の図より，立方体の個数に関係なく，図2の○をつけた2か所に立方体があります。

さらに，中段には，13 − 7 − 2 ＝ 4（個）の立方体があります。上から見た図と，①の中段の図の共通部分から，図3の○をつけた4か所に立方体があることがわかります。

図1

下段（1段目）

後ろ

左　　　　　　　　右

前

図2

上段（3段目）

後ろ

左　　　　　　　　右

前

図3

中段（2段目）

後ろ

左　　　　　　　　右

前

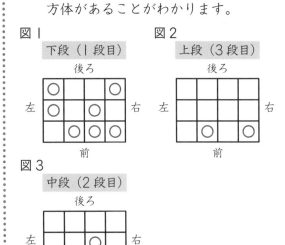

答え

1 **①** 式　　$30 - 25 + 1 = 6$
　　　　　　$6 + 13 = 19$
　　　　　　$2.26 - 1.48 = 0.78$
　　　　　　$0.78 \times 19 = 14.82$
　　　　答え　14.82km

② 式　　$0.78 \times 6 = 4.68$
　　　　　　$4.68 \div 13 = 0.36$
　　　　　　$2.26 + 0.36 = 2.62$
　　　　答え　2.62km

2 ①5　②70　③4　④42　⑤16
　　⑥4　⑦日

考え方

1 **①** 「11月25日から12月13日までの日数」と「2人が1日に走る道のりの差」に注目すればよいでしょう。
　　なお，2人が走った道のりの合計を，
　　　$1.48 \times 19 = 28.12$
　　　$2.26 \times 19 = 42.94$
　　と求めれば，
　　　$42.94 - 28.12 = 14.82$
　　から答えを得ることもできます。

　② 11月25日から11月30日までの6日間で，まさとしさんがごうさんより多く走った道のりを，12月1日から12月13日までの13日間で，ごうさんはまさとしさんより多く走ります。

2 本問のねらいは，文字を使った式の理解を深めることです。穴埋め式の出題にすることにより，中学数学の1次方程式につながる内容を無理なく学習できるように配慮しております。
　　週の数が5つのとき，水曜日の日にちは，○，○＋7，○＋14，○＋21，○＋28と表されます。

答え

1 **①** 【例】8つの○にちがう整数を書くとき，いちばん大きい数があります。いちばん大きい数の両どなりの数は，いちばん大きい数より小さい数です。したがって，その両どなりの数の和を半分にすると，いちばん大きい数より小さくなってしまうからです。

② 27

③ 5通り

考え方

1 **①** 論理的思考力を鍛える問題。お子さまには，解法パターンが存在しない未知の問題に対して，試行錯誤することで，アプローチの仕方を発見できるようになっていただきたいです。
　　「答え」は，いちばん大きい数に注目して説明しましたが，いちばん小さい数に注目して同様に説明することもできます。
　　なお，問題文の「○に書いた全部の数」の"全部"を正しく捉えることが大切です。たとえば，8つの○に，時計まわりに「1，2，…，8」と書いたとき，○に書いた"全部"の数は，その両どなりに書いた数の和の半分になりません。なぜなら，○に書いた数の「1」や「8」は，両どなりに書いた数の和の半分にならないからです。「1，2，…，8と書いたとき半分にできる」と間違えやすいので，注意が必要です。

　② 問題の表で，5だけの和でつくることができる数（5の倍数）と，8だけの和でつくることができる数（8の倍

27

数）に○をつけましょう。

　各行の数は８つなので，列の数に○がつくと，その下に書かれたどの数も，５と８の和でつくることができます。

　したがって，５と８の和でつくることができない整数の中で，いちばん大きい数は27です。

　なお，本問と同様にして，２と３の和で２以上のすべての整数を表せることがわかります。このことは，新幹線の座席に活かされています。新幹線の多くの車両の座席は，

「２人がけ」と「３人がけ」

を組み合わせてできていますが，これは，２人以上で乗った場合に，ひとりぼっちを防ぐための工夫なんですよ。お子さまにぜひ教えてあげてください。

3 マッチ棒の本数と数字の対応は，

　　２本…１
　　４本…4，7
　　５本…2，3，5
　　６本…0，6，9
　　７本…8

だから，13本になるとき，マッチ棒の本数の組み合わせは，

　　（２本，２本，２本，７本）
　　（２本，２本，４本，５本）

です。

　（２本，２本，２本，７本）のとき，表せる月日は，11月18日だけです。

　（２本，２本，４本，５本）のとき，表せる月日は，11月24日，11月27日，12月14日，12月17日の４通りです。

　したがって，表せる月日は全部で５通りです。

答え

1 **①** ① 2
　　　② 4
2 5 こ

考え方

　第39回，第40回のテーマは，あみだくじ。中学受験でもしばしば題材になります。算数の力を伸ばすために，経験しておきたい問題の１つといえます。

1 **①** 周期性を絡めた問題。番号を設定したり，図をかいたりすることで，周期性に気づきやすくなるでしょう。実際に４個や８個のあみだくじを縦につないでみて，答えが正しいことをお子さまと一緒に確認してください。

2 **①** の考え方を応用します。あみだくじの左から１番目を**❶**，２番目を**❷**，３番目を**❸**，４番目を**❹**，５番目を**❺**とおいて，下の図をかいて考えることがポイント。

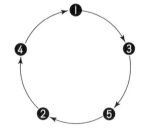

答え

1. 6こ

2. ① 6本
   ② 10本

考え方

1. 第39回②の発展問題。「5こ」と即答してはいけません。状況に応じて，適切に考察できる力を確認します。

   あみだくじの左から1番目を❶，2番目を❷，3番目を❸，4番目を❹，5番目を❺とおくと，下のように2つの図がかけます。

   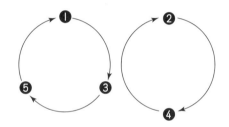

   左から1番目の1，3番目の3，5番目の5は，あみだくじを全部で3個，6個，9個，……，使ったとき，再び同じ場所に戻ってきます。左から2番目の2，4番目の4は，あみだくじを全部で2個，4個，6個，……，使ったとき，再び同じ場所に戻ってきます。

   だから，このあみだくじを全部で6個，12個，18個，……，使えば，いちばん下のはしが，上のはしと同じ，左から1，2，3，4，5の順になります。

2. 横線の本数は，隣り合う2本の縦線を交差させてできる点の個数と考えることができます。このとき，3本以上の縦線が1つの点で交わらないようにすることが大切です。

   与えられたあみだくじの結果になるように，隣り合う縦線を交差させればよく，たとえば下の図のようになります。図のかき方はほかにもありますが，隣り合う2本の縦線を交差させてできる点の個数は同じです。

   ①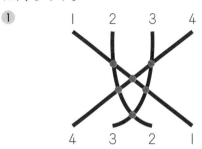

   隣り合う縦線を交差させてできる点の個数は6個だから，求める横線の本数は，6本です。

   ②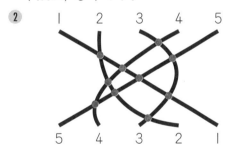

   隣り合う縦線を交差させてできる点の個数は10個だから，求める横線の本数は，10本です。

第41回

答え

1
- ① 364
- ② 2441406

2
- ① 33
- ②【例】111, 222, 333, 444, 555, 666, 777, 888, 999 がすべて 37 でわりきれるから。

考え方

1 等比数列の和の求め方を背景とする問題。

① 先生のヒントより，

①×3＝ 3+9+27+81+243+729
①＝1+3+9+27+81+243

の差を考えます。3 ＋ 9 ＋ 27 ＋ 81 ＋ 243 の計算が必要なくなり，

①× 2 ＝ 729 － 1
①＝ 728 ÷ 2 ＝ 364

と求めることができます。

② 1 ＋ 5 ＋…＋ 1953125 を①とおいて，①× 5 と①の差を考えると，

①× 4 ＝ 9765625 － 1
①＝ 9765624 ÷ 4 ＝ 2441406

2 わり算の仕組みが理解できているかを確認する問題。中学受験において，同様の出題がよく見られます。

① 33333333333333 を上から 3 桁ずつに区切って，あまりを考えます。33300000000000, 33300000000, 33300000, 33300

がすべて 37 でわりきれるから，求めるあまりは，33 ÷ 37 のあまりと同じです。

② ①の応用問題。同様に上から 3 桁ずつに区切って考えます。

第42回

答え

1 【例】まず，みえさんは 1 が書かれたカードを選びます。そして，こうきさんが選んだカードの数字との和が 11 になるように，みえさんはカードを選んでいきます。

2 【例】こうきさんは，1 から 99 までの整数が 1 こずつ書かれた紙を選びます。みえさんが消した数のこ数との和が 11 こになるように，こうきさんは数を消していきます。

考え方

第42回は，思考力を鍛えるのがねらいです。いっぱい試行錯誤する中でお子さまの算数の力は，グングン伸びていきます。

1 まず，みえさんが 1 が書かれたカードを選ぶと，おはじきは 33 個になります。33 は 11 の 3 倍で，残った 2 と 9，3 と 8，4 と 7，5 と 6 で 11 ができることがポイントです。

2 1 の類題。10 個以下の数を残した人が負けます。逆に言えば，11 個の数を残した人が勝ちます。

99 が 11 の 9 倍であることに注目して，99 個の整数が書かれた紙を選びます。「みえさんが 5 個消したら，こうきさんは 6 個消す」のように，個数の和が 11 個になるように消していくと，こうきさんは 11 個の数を残せます。

なお，100 個の整数が書かれた紙を選ぶと，まず，みえさんが 1 個消して，99 個になってしまいます。つまり，こうきさんは勝てません。

30